第1章练习1 简约茶几

U0148488

第1章练习4 装饰植物

第1章练习6 玻璃护栏

第1章练习7 枢轴门

第1章练习9 伸出式窗

第2章练习1 休息室

第2章练习3 弧形电视墙

第2章练习6 湖水

第2章练习8 休闲椅

第2章练习9 餐具

第2章练习10 储油桶

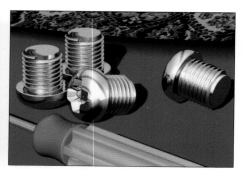
第2章练习12 螺丝

第3章练习1 花钵

第3章练习4 雨蓬

第3章练习3 入口钢架

第3章练习5 花架

第3章练习6 书桌

第3章练习7 转角沙发

第3章练习9 装饰柜

第3章练习10 现代床

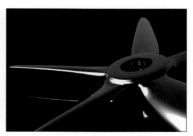

第4章练习1 飞轮

第4章练习2 玻璃桌

第4章练习3 葡萄酒瓶

第4章练习8 装饰鹿头

第5章练习2 办公楼

第5章练习3 高层建筑

第5章练习4 月光阁楼

第5章练习5 公共厕所

第5章练习6 客厅

第5章练习7 现代厨房

第5章练习8 组合沙发

第6章练习2 汽车

第7章练习1 别墅

中等职业学校计算机系列教材

zhongdeng zhiye xuexiao jisuanji xilie jiaocai

3ds Max 9.0/ VRay 1.5 RC3 案例教程

◎ 王忠莲　主编

◎ 何长建 李立明 舒德凯　副主编

人民邮电出版社

北京

图书在版编目（ＣＩＰ）数据

3ds Max 9.0/VRay 1.5 RC3案例教程 / 王忠莲主编
—— 北京：人民邮电出版社，2012.1
中等职业学校计算机系列教材
ISBN 978-7-115-23731-6

Ⅰ．①3⋯ Ⅱ．①王⋯ Ⅲ．①三维—动画—图形软件
，3DS MAX 9.0、VRay 1.5 RC3—专业学校—教材 Ⅳ.
①TP391.41

中国版本图书馆CIP数据核字(2010)第156989号

内 容 提 要

本书介绍了使用 3ds Max 9.0/VRay 1.5 RC3 制作三维效果图的相关知识和技能，重点训练学生在建筑与室内效果图设计方面的应用能力。全书共 7 章，主要内容包括创建简单模型、创建复杂模型、制作建筑构件和家具、制作场景材质、对场景进行照明、渲染场景和后期制作。

全书按照"任务驱动教学法"的设计思想组织教材内容，共挑选了 49 个制作案例，从任务入手，逐步介绍 3ds Max 9.0 的使用。每个案例均采用"实例目标+制作思路+操作步骤"的结构进行讲解，并在各章节结束后提供有大量上机练习题，供学生上机自测练习。

本书可供中等职业学校计算机应用技术专业以及其他相关专业使用，也可作为计算机三维效果图制作的上机辅导用书和 3ds Max 9.0/VRay 1.5 RC3 培训用书。

中等职业学校计算机系列教材

3ds Max 9.0/VRay 1.5 RC3 案例教程

- ◆ 主　　编　王忠莲

　　副 主 编　何长建　李立明　舒德凯

　　责任编辑　刘盛平

- ◆ 人民邮电出版社出版发行　　北京市崇文区夕照寺街 14 号
　　邮编　100061　电子邮件　315@ptpress.com.cn
　　网址　http://www.ptpress.com.cn
　　大厂聚鑫印刷有限责任公司印刷

- ◆ 开本：787×1092　1/16　　　　彩插：2
　　印张：20　　　　　　　　　　2012 年 1 月第 1 版
　　字数：493 千字　　　　　　　2012 年 1 月河北第 1 次印刷

ISBN 978-7-115-23731-6

定价：39.50 元（附光盘）

读者服务热线：(010)67170985　印装质量热线：(010)67129223
反盗版热线：(010)67171154
广告经营许可证：京崇工商广字第 0021 号

前　言

3D Studio Max 简称为 3ds Max，它是 Autodsek 公司开发的基于个人计算机系统的三维动画渲染和制作软件，同时也是目前应用最广泛的三维效果图制作软件之一，被广泛应用于游戏动画、建筑动画、室内设计、影视动画等各行各业。

本书采用目前最为流行的案例教学法，以案例贯穿全文，结合各种室内和室外设计，如客厅、卧室、卫生间、办公楼、别墅和商住楼等最具有代表性的作品，将软件功能与行业实际应用相结合，使读者通过不断的练习掌握三维效果图制作的知识与技能。

本书共 7 章，各部分主要内容如下。

- **第 1 章**：以门、窗、楼梯等实例的制作为例，主要介绍 3ds Max 9.0 的工作环境和对象的基本操作等知识。
- **第 2 章**：以制作毛巾架、草地、足球以及创建卧室主体模型等实例为例，主要介绍创建几何基本体，包括创建标准基本体，如长方体、球体和平面等；创建扩展基本体，如切角、棱柱和胶囊等知识。
- **第 3 章**：以制作阳台、楼梯采光窗和办公椅以及客厅建筑构件和卧室建筑构件等实例为例，主要介绍创建建筑构件和家具，以及二维建模等知识。
- **第 4 章**：以制作铁链、陶瓷杯、冰块、蜡烛以及为客厅、卫生间和办公楼制作材质等实例为例，主要介绍制作材质和贴图等知识。
- **第 5 章**：以制作别墅灯光、全封闭场景照明、黄昏场景照明、天光照明等实例为例，主要介绍制作场景灯光和各种照明等知识。
- **第 6 章**：以渲染输出客厅效果、卧室黄昏效果、阳光厨房效果、天光卫生间效果等实例为例，主要介绍 3ds Max 9.0/VRay 1.5 RC3 渲染输出的相关知识。
- **第 7 章**：以后期处理客厅效果、卧室效果、跃层客厅效果、会客厅效果、鸟瞰效果等实例为例，主要介绍后期制作的相关知识。

本书具有以下一些特色。

（1）任务驱动，案例教学。本书主要通过完成某一任务来掌握和巩固 3ds Max 9.0/VRay 1.5 RC3 三维效果图制作的相关操作，每个案例给出了实例目标、制作思路和操作步骤，使读者能够明确每个案例需要掌握的知识点和操作方法。

（2）案例类型丰富，实用性强。书中共挑选了 49 个案例进行介绍，这些实例都来源于实际工作与生活中，具有较强的代表性和可操作性，并融入了大量的职业技能元素。使读者不但能掌握 3ds Max 9.0/VRay 1.5 RC3 相关的软件知识，更重要的是还能获得一些设计经验与方法，如材质的制作和渲染等。

（3）边学边练，举一反三。书中每章最后提供有大量上机练习题，给出了各练习的最终效果和制作思路，在进一步巩固前面所学知识基础上重点培养读者的实际动手能力，解决问题的能力，以达到学以致用、举一反三的目的。

为方便教学，本书还配备了光盘，内容为书中案例的素材、效果，以及为每章提供的拓展案例，步骤详细，综合性强，素材齐全，方便老师选择使用。

本书由王忠莲老师主编，何长建、李立明、舒德凯老师副主编，参与本书编写的还有肖庆、李秋菊、黄晓宇、赵莉、牟春花、王维、蔡长兵、熊春、李洁羽、蔡飓、蒲乐、马鑫、耿跃鹰、李枚锢、高志清。

由于作者水平有限，书中疏漏和不足之处在所难免，恳请广大读者及专家不吝赐教。

编 者

2011 年 10 月

目　　录

第 1 章

创建简单模型

　　创建简单模型是为了学习 3ds Max 三维图像制作的基础知识, 包括对象的基本操作、创建几何基本体、多边形建模等。对象的基本操作包括对象的移动、旋转、对齐、捕捉、复制、阵列等; 而创建几何基本体则是指用户可直接创建一些几何体, 如长方体、球体、圆柱体、管状体等, 以及通过它们组合成复杂的模型; 另外还可以快速创建一些建筑对象, 如护栏、门、窗、楼梯等。本章将以 10 个制作实例来介绍在 3ds Max 9.0 中创建各种简单场景模型的相关操作, 并将认识 3ds Max 9.0 的工作环境等知识。

本章学习目标:
- 制作玻璃茶几
- 制作阳台护栏
- 制作推拉门
- 制作遮篷式窗
- 制作平开窗
- 制作固定窗
- 制作 L 型楼梯
- 制作螺旋楼梯
- 创建客厅主构造
- 创建室内模型

1.1 　 制作玻璃茶几

实例目标

　　本例将使用 "圆柱体" 按钮, 创建玻璃茶几的 4 条 "腿" 和支撑架, 然后创建两个长方体作为茶几的玻璃面, 完成玻璃茶几的制作, 最后将创建好的玻璃茶几合并到一个室内场景中, 并为其制作材质, 通过渲染后得到真实玻璃茶几的效果, 最终效果如图 1-1 所示。需要注意的是, 这里的最后一步合并到场景中, 并为其制作材质, 通过渲染后得到真实的效果, 这些操作涉及本书后面的一些知识, 所以具体过程本实例不会介绍, 大家可以在学习了相关知识后自行练习。

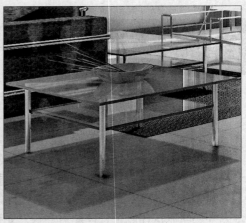

图 1-1

 最终效果\第 1 章\玻璃茶几\玻璃茶几.max、玻璃茶几.tif

制作思路

本例的制作思路如图 1-2 所示，涉及的知识点有创建圆柱体和创建长方体，其中创建圆柱体是本例的制作重点。

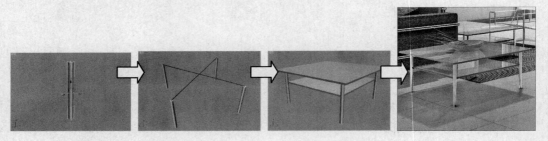

① 创建圆柱　　② 创建其他圆柱　　③ 创建长方体　　④ 渲染效果

图 1-2

 操作步骤

（1）启动 3ds Max 9.0，设置单位为"毫米"。

（2）单击"圆柱体"按钮 **圆柱体** ，在顶视图中拖动创建一个圆柱体，并在"参数"卷展栏中设置半径和高度分别为"15mm"和"375mm"，如图 1-3 所示。

（3）在前视图中拖动创建一个半径和高度分别为"5mm"和"1000mm"的圆柱体，并在顶视图将其沿 Z 轴旋转 45°。

（4）在顶视图和左视图中将其移动至如图 1-4 所示的位置。

 提示

这里创建的第 2 个圆柱体是玻璃茶几的"X"形支撑架，所以将其沿 Z 轴旋转 45°。

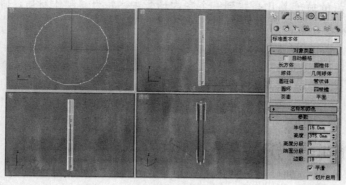

图 1-3

（5）同时选择两个圆柱体并按住 "Shift" 键拖动复制一个，在顶视图中将复制的模型绕 Z 轴旋转 90° 并移动至如图 1-5 所示位置。

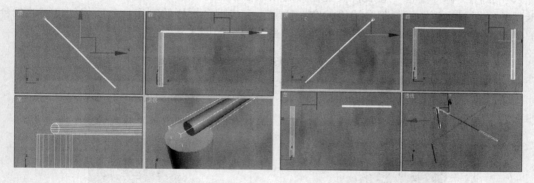

图 1-4   图 1-5

（6）将前面创建的第 1 个圆柱体复制两个，并在顶视图中将它们分别移动至垂直相交的两个圆柱体的端点处，如图 1-6 所示。

（7）在顶视图中分别创建两个长方体作为茶几的玻璃面，它们的长度、宽度和高度分别为 "690mm"、"690mm"、"15mm" 和 "870mm"、"690mm"、"15mm"，如图 1-7 所示。

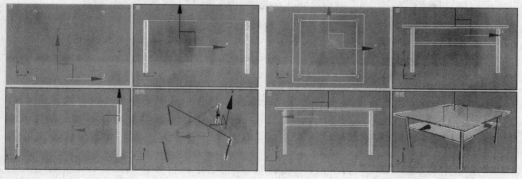

图 1-6   图 1-7

（8）将创建好的玻璃茶几合并到一个室内场景中，并为其制作材质，通过渲染后得到真实玻璃茶几表现效果，最终效果如图 1-1 所示。

 提示 　　在将玻璃茶几合并到室内场景时，应根据场景的不同，得到不同的效果。本实例中的效果只是作为参考，读者应认真学习制作玻璃茶几过程的相关操作。

1.2 　制作阳台护栏

实例目标

本例将使用"栏杆"按钮，在顶视图中拖动创建一个任意大小的栏杆，然后通过"栏杆"、"立柱"和"栅栏"卷展栏设置栏杆的相关参数，并结合顶视图、前视图和左视图将编辑后的栏杆调整到场景中阳台边缘的空缺位置，完成阳台护栏的制作，最后将创建好的阳台护栏通过渲染后得到真实阳台护栏的效果，最终效果如图 1-8 所示。

图 1-8

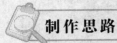
素材文件\第 1 章\阳台护栏
最终效果\第 1 章\阳台护栏\阳台护栏.max、阳台护栏.tif

制作思路

本例的制作思路如图 1-9 所示，涉及的知识点有创建栏杆和移动操作，其中创建栏杆是本例的制作重点。

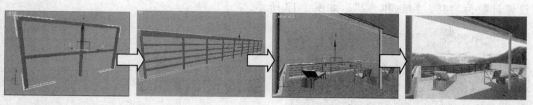

① 创建栏杆　　　② 设置栏杆参数　　　③ 移动栏杆　　　④ 渲染效果

图 1-9

（1）打开素材中的"阳台护栏.max"场景文件，观察发现该场景中阳台边缘未创建护栏，如图 1-10 所示。

（2）设置创建类别为 AEC 扩展，单击"栏杆"按钮　　栏杆　　，在顶视图中拖动创建一个任意大小的栏杆，如图 1-11 所示。

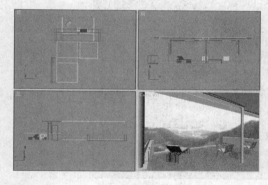
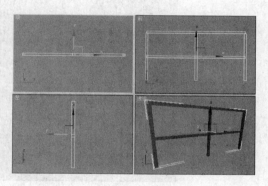

　　　图 1-10　　　　　　　　　　　　　　　　图 1-11

（3）分别在"栏杆"、"立柱"和"栅栏"卷展栏中设置栏杆参数，如图 1-12 所示。

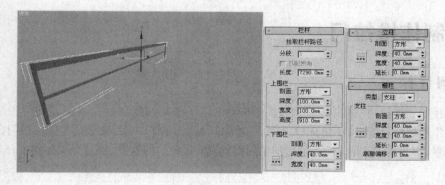

图 1-12

（4）分别单击"栏杆"、"立柱"和"栅栏"卷展栏中的 按钮，在打开的对话框中分

别设置计数为 "4"、"4" 和 "2"，如图 1-13 所示。

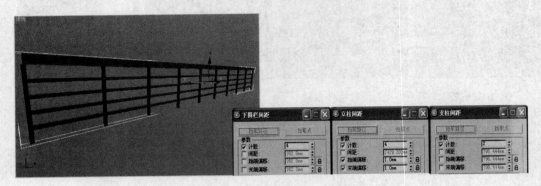

图 1-13

（5）结合顶视图、前视图和左视图将编辑后的栏杆调整到场景中阳台边缘的空缺位置，为阳台创建出护栏模型，如图 1-14 所示。

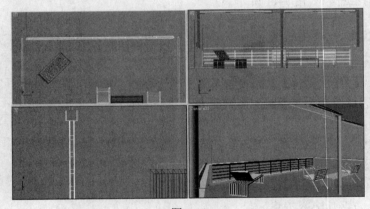

图 1-14

（6）按 "F9" 快捷键，系统自动对当前场景进行渲染，最终效果如图 1-8 所示。

1.3 制作推拉门

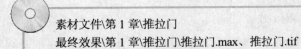 实例目标

本例将使用 "推拉门" 按钮，在透视图中拖动创建任意大小的推拉门，然后通过 "参数" 和 "页扇参数" 卷展栏设置推拉门的相关参数，完成推拉门的制作，最后将创建好的推拉门合并到一个室内场景中，并为其制作材质，通过渲染后得到真实推拉门的效果，最终效果如图 1-15 所示。

素材文件\第 1 章\推拉门
最终效果\第 1 章\推拉门\推拉门.max、推拉门.tif

图 1-15

制作思路

　　本例的制作思路如图 1-16 所示，涉及的知识点有创建推拉门和设置推拉门的参数，这两个知识点都是本例的重点内容。

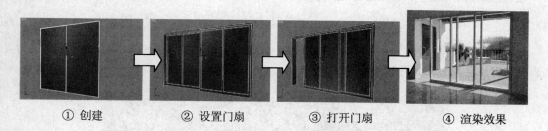

　　① 创建　　　　　② 设置门扇　　　　　③ 打开门扇　　　　　④ 渲染效果

图 1-16

操作步骤

　　（1）启动 3ds Max 9.0，设置创建类别为门，单击"推拉门"按钮　推拉门　，在透视图中拖动创建任意大小的推拉门，如图 1-17 所示。

　　（2）在"参数"卷展栏中设置高度、宽度和深度分别为"2460mm"、"3560mm"和"220mm"，如图 1-18 所示。

　　（3）继续在"参数"卷展栏中设置门框的宽度和深度分别"40mm"和"10mm"，如图 1-19 所示。

　　（4）在"页扇参数"卷展栏中设置厚度为"90mm"，在"镶板"栏中选中"玻璃"单选按钮，设置玻璃厚度为"5"，其他参数设置如图 1-20 所示。

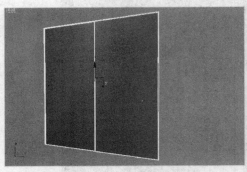
图 1-17

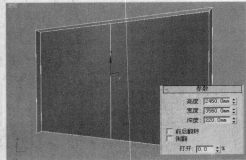
图 1-18

图 1-19

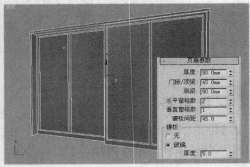
图 1-20

（5）在"参数"卷展栏中选中"前后翻转"复选框，设置打开为40%，即将推拉门的左侧页扇向右侧开启40%，如图1-21所示。

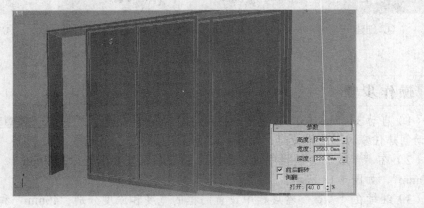
图 1-21

（6）将场景中已创建好的推拉门合并到场景中的墙体门洞处并制作材质，通过渲染后得到真实推拉门表现效果，最终效果如图1-15所示。

1.4　制作遮篷式窗

实例目标

　　本例将使用"遮篷式窗"按钮，在透视图中拖动创建任意大小的遮篷式窗，然后通过"参数"卷展栏设置遮篷式窗的相关参数，并设置将窗扇打开一定的角度，完成遮篷式窗的制作，最后将创建好的遮篷式窗合并到一个室内场景中的阁格天花的窗洞处，并为其制作材质，通过渲染后得到真实遮篷式窗的效果，最终效果如图 1-22 所示。

图 1-22

素材文件\第 1 章\遮篷式窗
最终效果\第 1 章\遮篷式窗\遮篷式窗.max、遮篷式窗.tif

制作思路

　　本例的制作思路如图 1-23 所示，涉及的知识点有创建遮篷式窗和设置遮篷式窗的参数，这两个知识点都是本例的重点内容。

① 创建窗　　　　② 设置窗参数　　　　③ 设置开窗　　　　④ 渲染效果

图 1-23

操作步骤

（1）在"创建"面板中设置创建类别为窗，单击"遮篷式窗"按钮 遮篷式窗 ，在透视图中拖动创建任意大小的遮篷式窗，如图1-24所示。

（2）在"参数"卷展栏中设置高度、宽度和深度分别为"1090mm"、"1270mm"和"35mm"，如图1-25所示。

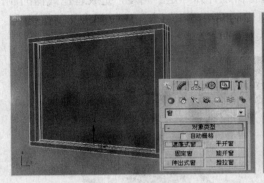
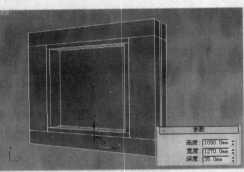

图1-24 　　　　　　　　　　　　　　　　图1-25

（3）在"窗框"栏中设置水平宽度、垂直宽度和厚度分别为"70mm"、"70mm"和"10mm"，如图1-26所示。

（4）在"玻璃"栏中设置厚度为"5mm"，在"窗格"栏中设置宽度为"70mm"，如图1-27所示。

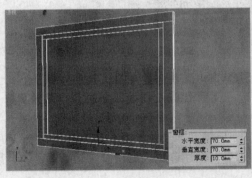
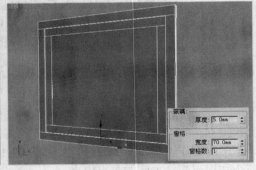

图1-26 　　　　　　　　　　　　　　　　图1-27

 提示　　　通常情况下，遮篷式窗的窗框的宽度应该和窗格的宽度一致，这样才能保证窗格能打开，并且为一个整体。

（5）为了更能体现遮篷式窗的结构，可设置将窗扇打开一定角度，范围为0°～90°，如当打开为30°时的效果如图1-28所示。

（6）将创建好的遮篷式窗合并到场景中的阁格天花的窗洞处并制作材质，通过渲染后得到真实遮蓬式窗表现效果，最终效果如图 1-22 所示。

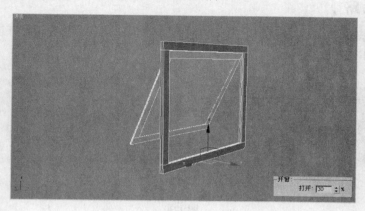

图 1-28

1.5　制作平开窗

　　本例将使用"平开窗"按钮，在透视图中拖动创建任意大小的平开窗，然后通过"参数"卷展栏设置平开窗的相关参数，并设置将窗扇打开一定的角度，完成平开窗的制作，最后将创建好的平开窗合并到一个室内场景中的墙体的窗洞处，并为其制作材质，通过渲染后得到真实平开窗的效果，最终效果如图 1-29 所示。

图 1-29

　　素材文件\第 1 章\平开窗
　　最终效果\第 1 章\平开窗\平开窗.max、平开窗.tif

制作思路

本例的制作思路如图 1-30 所示，涉及的知识点有创建平开窗和设置平开窗的参数，这两个知识点都是本例的重点内容。

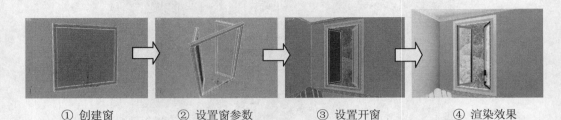

① 创建窗　　　② 设置窗参数　　　③ 设置开窗　　　④ 渲染效果

图 1-30

 操作步骤

（1）设置创建类别为窗口，单击"平开窗"按钮 <u>平开窗</u>，在透视图中拖动创建任意大小的平开窗，如图 1-31 所示。

（2）在"参数"卷展栏中设置高度、宽度和深度分别为"1660mm"、"960mm"和"50mm"，如图 1-32 所示。

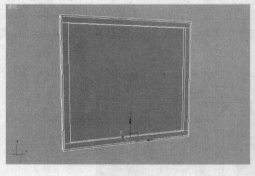　　　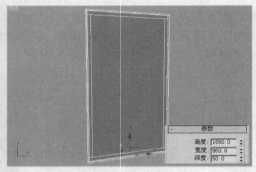

图 1-31　　　　　　　　　　　　　　　　图 1-32

（3）在"窗框"栏中设置水平宽度、垂直宽度和厚度都为"50mm"，如图 1-33 所示。

（4）在"玻璃"栏中设置厚度为"5mm"，在"窗扉"栏中设置隔板宽度为"40mm"，选中"二"单选按钮，如图 1-34 所示。

（5）为了体现平开窗的物理结构，设置窗扇打开 60°，效果如图 1-35 所示。

（6）将创建好的平开窗合并到场景中的墙体的窗洞处并制作材质，通过渲染后得到真实平开窗表现效果，最终效果如图 1-29 所示。

 提示　　平开窗和遮篷式窗的窗框宽度设置有所不同，平开窗的窗扉隔板宽度应该小于窗框的宽度。

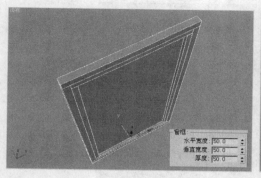

图 1-33

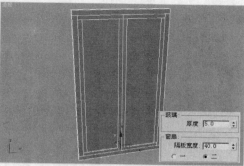

图 1-34

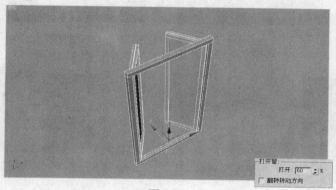

图 1-35

1.6　制作固定窗

实例目标

　　本例将使用"固定窗"按钮,在透视图中拖动创建任意大小的固定窗,然后通过"参数"卷展栏设置固定窗的相关参数,完成固定窗的制作,最后将创建好的固定窗合并到一个室内场景中的墙体的窗洞处,并为其制作材质,通过渲染后得到真实固定窗的效果,最终效果如图 1-36 所示。

　　素材文件\第 1 章\固定窗
　　最终效果\第 1 章\固定窗\固定窗.max、固定窗.tif

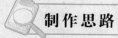

制作思路

　　本例的制作思路如图 1-37 所示,涉及的知识点有创建固定窗和设置固定窗的参数,这两个知识点都是本例的重点内容。

图 1-36

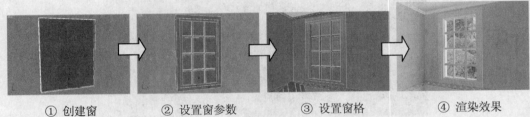

① 创建窗　　　　② 设置窗参数　　　　③ 设置窗格　　　　④ 渲染效果

图 1-37

操作步骤

（1）设置创建类别为窗，单击"固定窗"按钮 固定窗 ，在透视图中拖动创建任意大小的固定窗，如图 1-38 所示。

（2）在"参数"卷展栏中设置高度、宽度和深度分别为"1790mm"、"1085mm"和"220mm"，如图 1-39 所示。

图 1-38

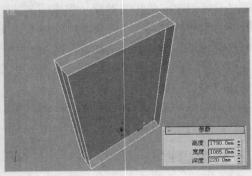

图 1-39

（3）在"窗框"栏中设置水平宽度、垂直宽度和厚度分别为"80mm"、"80mm"和"10mm"，如图 1-40 所示。

（4）在"玻璃"栏中设置厚度为"5mm"，注意观察发生在空窗框中部的玻璃的厚度变化，如图 1-41 所示。

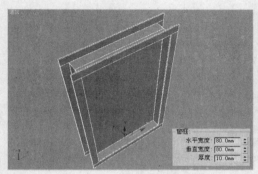
图 1-40

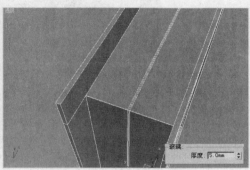
图 1-41

（5）在"窗格"栏中设置宽度为"50mm"，水平和垂直窗格数分别为"3"和"4"，最后选中"切角剖面"复选框，观察发现窗户中的窗格已接近现实中窗格的效果，如图 1-42 所示。

图 1-42

（6）将创建好的固定窗合并到场景中的墙体的窗洞处并制作材质，通过渲染后得到真实固定窗表现效果，最终效果如图 1-36 所示。

1.7　制作 L 型楼梯

 实例目标

本例将使用"L 型楼梯"按钮，在透视图中拖动确定楼梯的长度和总体高度，然后通过"参数"卷展栏设置 L 型楼梯的相关参数，完成 L 型楼梯的制作，最后将创建好的 L 型楼梯

合并到一个室内场景内，并为其制作材质，通过渲染后得到真实楼梯表现效果，最终效果如图 1-43 所示。

图 1-43

最终效果\第 1 章\L 型楼梯\L 型楼梯.max、L 型楼梯.tif

 制作思路

本例的制作思路如图 1-44 所示，涉及的知识点有创建 L 型楼梯和设置 L 型楼梯的参数，这两个知识点都是本例的重点内容。

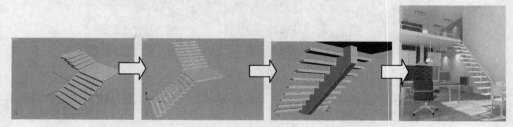

① 创建任意大小的楼梯　　② 设置参数　　③ 设置支撑梁　　④ 渲染效果

图 1-44

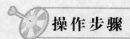 **操作步骤**

（1）在"创建"面板中设置创建类别为"楼梯"，单击"L 型楼梯"按钮 L 型楼梯，在透视图中拖动确定第 1 段楼梯的长度，如图 1-45 所示。

（2）移动鼠标光标至一定的距离后单击，以确定第 2 段楼梯的长度，如图 1-46 所示。

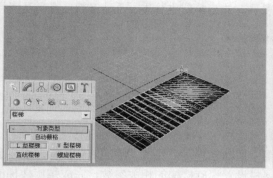

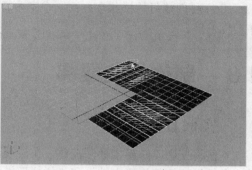

图 1-45　　　　　　　　　　　　　　　　　　图 1-46

（3）向上或向下移动鼠标至一定的距离并单击，以确定楼梯的升量，即楼梯的总体高度，如图 1-47 所示。

（4）在"布局"栏中设置楼梯的长度、宽度和高度，在"梯级"和"台阶"栏中设置其他参数，如图 1-48 所示。

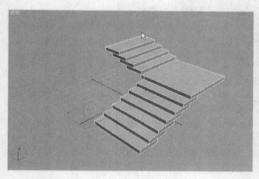

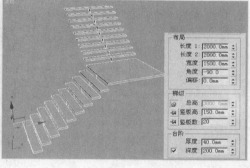

图 1-47　　　　　　　　　　　　　　　　　　图 1-48

（5）在"支撑梁"栏下设置深度为"300mm"，宽度为"150mm"，选中"从地面开始"复选框，如图 1-49 所示。

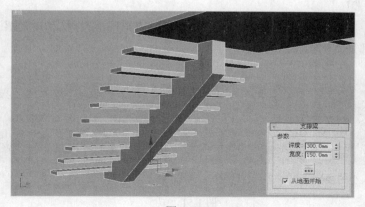

图 1-49

（6）将创建好的楼梯合并到一个室内场景内，并为其制作材质，通过渲染后得到真实楼梯表现效果。

1.8 制作螺旋楼梯

实例目标

本例将使用"螺旋楼梯"按钮，在透视图中拖动创建一个任意大小的旋转楼梯，然后通过"参数"、"侧弦"、"中柱"和"栏杆"卷展栏设置螺旋楼梯的相关参数，完成螺旋楼梯的制作，最后将创建好的楼梯合并到一个室内场景内，并为其制作材质，通过渲染后得到真实楼梯的效果，最终效果如图 1-50 所示。

图 1-50

最终效果\第 1 章\螺旋楼梯\螺旋楼梯.max、螺旋楼梯.tif

制作思路

本例的制作思路如图 1-51 所示，涉及的知识点有创建螺旋楼梯和设置螺旋楼梯的参数，这两个知识点都是本例的重点内容。

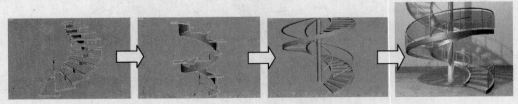

① 创建任意大小的楼梯　　② 设置楼梯　　③ 设置扶手　　④ 渲染效果

图 1-51

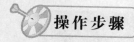**操作步骤**

（1）设置创建类别为楼梯，单击"螺旋楼梯"按钮，在透视图中拖动创建一个任意大小的旋转楼梯，如图 1-52 所示。

（2）在"布局"栏中设置半径、旋转和宽度分别为"1000mm"、"2"和"620mm"，如图 1-53 所示。

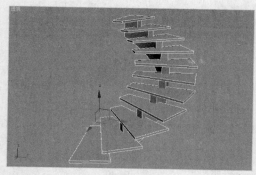

图 1-52

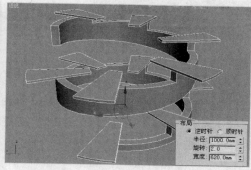

图 1-53

（3）在"梯级"栏中设置总高为"3000mm"，即楼梯底部与顶部之间距离为 3000mm，如图 1-54 所示。

（4）单击"总高"数值框左侧的▣按钮，然后设置竖板高位"60mm"，竖板数为"50"，即楼梯有 50 级台阶，如图 1-55 所示。

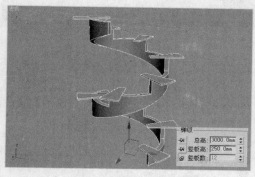

图 1-54

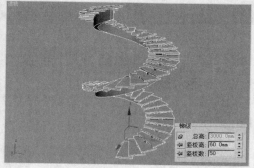

图 1-55

（5）在"台阶"栏中设置厚度为"30mm"，深度为"150mm"，如图 1-56 所示。

提示

这里的深度是指楼梯每个台阶的宽度。

（6）在"生成几何体"栏中取消选中"支撑梁"复选框，此时台阶底中的支撑梁消失，如图 1-57 所示。

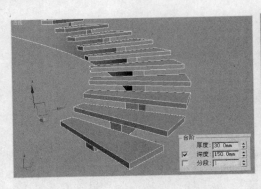
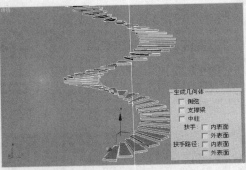

图 1-56 图 1-57

（7）选中"侧弦"复选框，在"侧弦"卷展栏中设置深度和宽度分别为"100mm"和"30mm"，选中"从地面开始"复选框，如图 1-58 所示。

（8）选中"中柱"复选框，在"中柱"卷展栏中设置半径和分段分别为"70mm"和"16"，如图 1-59 所示。

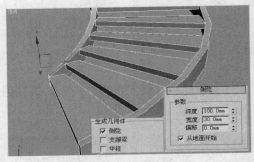
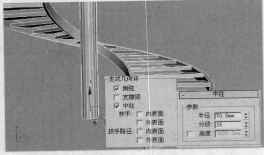

图 1-58 图 1-59

（9）选中"生成几何体"栏中"扶手"下的"内表面"和"外表面"复选框，此时沿楼梯出现两条环扶手，如图 1-60 所示。

（10）在"栏杆"卷展栏中设置高度为"750mm"，即扶手垂直向下离台阶的距离，如图 1-61 所示。

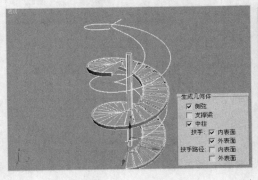
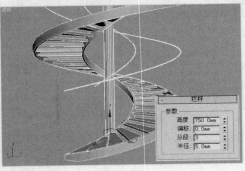

图 1-60 图 1-61

（11）在"栏杆"卷展栏中设置半径为"20mm"，此时栏杆截面呈三角形显示，如图 1-62 所示。

（12）将栏杆的分段数设置为"10"，此时栏杆的截面由三角形转换为圆形，如图 1-63 所示。

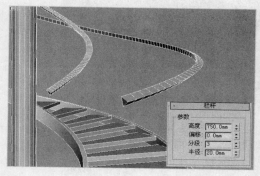
图 1-62

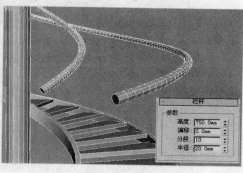
图 1-63

（13）创建的螺旋楼梯对应的基本参数调整完成后得到最终模型，如图 1-64 所示。

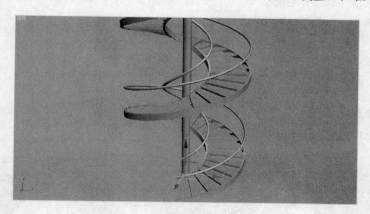
图 1-64

（14）将创建好的楼梯合并到一个室内场景内，并为其制作材质，通过渲染后得到真实楼梯表现效果，最终效果如图 1-50 所示。

1.9　创建客厅主构造

 **实例目标**

本例将使用"系统单位设置"按钮，在"系统单位设置"对话框中将系统单位设置为毫米，然后导入需要进行设置的 CAD 文件，并在文件中创建曲线，最后通过单面建模的方式，完成客厅主构造的制作，最终效果如图 1-65 所示。需要注意的是，本实例属于综合性实例制

作客厅效果图的基础部分，其中涉及的操作可能较多，如平面切片等，遇到这种情况，只需按照步骤操作即可。

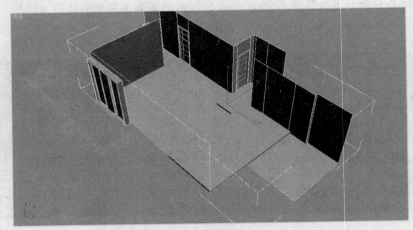

图 1-65

素材文件\第 1 章\客厅主构造
最终效果\第 1 章\客厅主构造\框架.max

 制作思路

本例的制作思路如图 1-66 所示，涉及的知识点有设置单位、导入 CAD 文件、创建曲线、单面建模等，其中的创建曲线和单面建模是本例的制作重点。

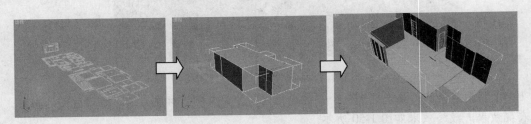

① 导入 CAD 文件　　② 挤出物体的厚度　　③ 多边形单面建模

图 1-66

操作步骤

（1）启动 3ds Max 9.0，选择【自定义】/【单位设置】命令，打开"单位设置"对话框，在"显示单位比例"栏中选中"公制"单选按钮，将单位设置为"毫米"，单击"系统单位设置"按钮，在打开的"系统单位设置"对话框中将系统单位设置为"毫米"，单击"确定"按钮完成设置，如图 1-67 所示。

（2）选择【文件】/【导入】命令，导入名为"平面.dwg"的文件，导入过程中所有参数均保持默认，在顶视图按 "Ctrl+A" 组合键全选所有图形，选择【组】/【成组】命令，将其以 "平面 CAD" 为名成组，如图 1-68 所示。

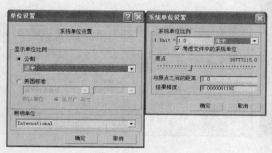

图 1-67

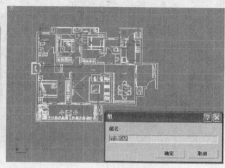

图 1-68

（3）单击 "选择并移动" 按钮 ✛，在状态栏中将 3 个轴向的数值均设置为 "0"，如图 1-69 所示。

（4）用同样的方法将名为 "顶.dwg" 和 "电视墙.dwg" 的 CAD 文件导入场景中并调整其位置，如图 1-70 所示。

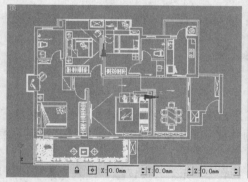

图 1-69

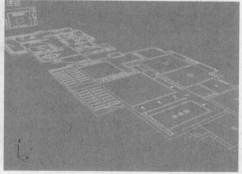

图 1-70

（5）按 "Ctrl+A" 组合键全选所有图形，单击鼠标右键，在弹出的快捷菜单中选择【冻结当前选择】命令，这样可避免对 CAD 图进行错误操作，如图 1-71 所示。

（6）按住 "捕捉开关" 按钮不放，从弹出的按钮组中选择第 2 个捕捉开关，在该按钮上单击鼠标右键，打开 "栅格和捕捉设置" 对话框，分别在 "捕捉" 和 "选项" 两个选项卡中选中 "顶点"、"端点"、"中点"、"捕捉到冻结对象"、"使用轴约束" 和 "将轴中心用作开始捕捉点" 6 个复选框，如图 1-72 所示。

（7）在 "创建" 面板中单击 "图形" 按钮 ◌，再单击 "线" 按钮，根据 CAD 平面图客厅和餐厅部分绘制二维曲线，如图 1-73 所示，在绘制曲线时应该在有门和窗的位置创建一个顶点，这样可方便后面的编辑。

（8）进入 "修改" 面板，在 "修改器列表" 下拉列表框中选择【挤出】命令，在 "参数" 卷展栏中将 "数量" 值设置为 "2800mm"，其他参数不变，在透视图中观察物体，可以看到曲线被挤出了厚度，如图 1-74 所示。

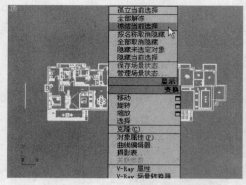

图 1-71　　　　　　　　　　　　　　　图 1-72

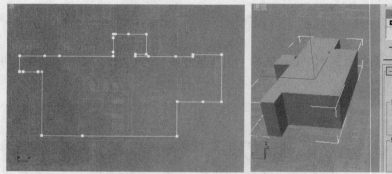
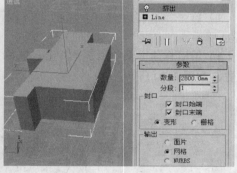

图 1-73　　　　　　　　　　　　　　　图 1-74

（9）按"F4"快捷键，将物体的边面显示出来，这样可以看到用二维曲线创建了顶点的位置都有一条边，单击鼠标右键，在弹出的快捷菜单中选择【转换为】/【转换为可编辑多边形】命令，如图 1-75 所示。

（10）在"修改"面板的"选择"卷展栏中单击"元素"按钮，进入元素子对象层级，选中"忽略背面"复选框，在视图中选择整个元素子物体，单击鼠标右键，在弹出的快捷菜单中选择【翻转法线】命令，如图 1-76 所示。

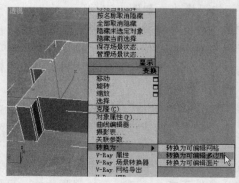
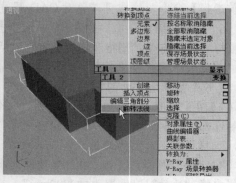

图 1-75　　　　　　　　　　　　　　　图 1-76

（11）此时再观察视图，可以看到墙体内部的表面变为可见了，这是因为执行了法线翻转命令而得到的效果，如图 1-77 所示。

（12）进入多边形子对象层级，在"选择"卷展栏中选中"忽略背面"复选框，在视图中选择靠近客卧和主卧墙体部分属于门位置的 3 个多边形，如图 1-78 所示。

 提示　　在顶视图中创建二维曲线时必须在有门和有窗的位置创建顶点，如果在创建时没有创建则可以在创建完成后加入顶点来完成，如果没有创建顶点就直接挤出为有厚度的墙体，那么在后期编辑时会很慢。

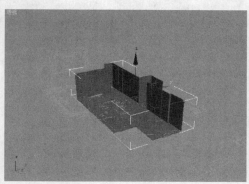
图 1-77

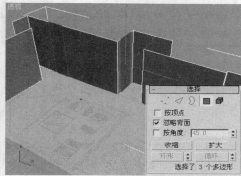
图 1-78

（13）单击"编辑几何体"卷展栏中的"切片平面"按钮，此时在视图中将出现一个黄色外框，在状态栏中设置 Z 轴为"2100mm"，因为这是门的高度，单击"切片"按钮，如图 1-79 所示。

（14）单击"切片平面"按钮，退出切片操作，取消选中"忽略背面"复选框，在前视图中按住"Alt"键拖动绘制选择框，取消门框模型顶部多边形的选择，如图 1-80 所示。

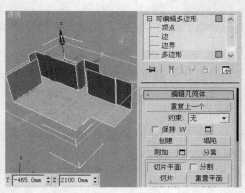

图 1-79

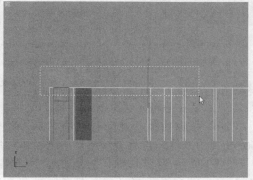
图 1-80

（15）在"编辑多边形"卷展栏中单击"挤出"按钮右侧的"设置"按钮，打开"挤出多边形"对话框，将挤出高度设置为"-240mm"，单击"确定"按钮，如图 1-81 所示。

（16）按"Delete"键将这些门框的多边形删除，用同样的方法将客厅电视墙左边部分落地门的外框做出来，在切片时将高度设置为"2500mm"，效果如图 1-82 所示。

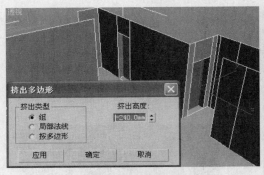
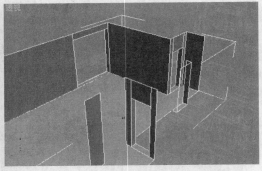

图 1-81   图 1-82

（17）在图形"创建"面板中单击"矩形"按钮，在前视图中根据墙体模型配合捕捉工具绘制出一个矩形，在绘制矩形时不需要考虑其参数，仅通过捕捉进行创建即可，如图 1-83 所示。

（18）单击鼠标右键，在弹出的快捷菜单中选择【转换为】/【转换为可编辑样条线】命令，进入线段子对象层级，将底部的线段删除，如图 1-84 所示。

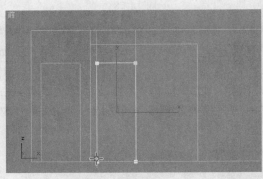
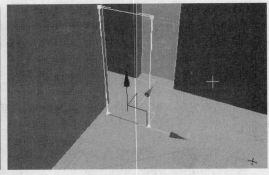

图 1-83   图 1-84

（19）进入样条线子对象层级，在"轮廓"按钮右边的数值框中输入"50mm"，然后单击该按钮，退出子对象层级，使用"挤出"修改器将数量设置为"250mm"，将该物体调整到门的中间位置并将其转换为可编辑多边形，如图 1-85 所示。

（20）结合捕捉功能在门框的内部再绘制一个矩形，使用"挤出"修改器将其挤出"50mm"的厚度，再将其调整到门框物体的中间位置，如图 1-86 所示。

（21）单击鼠标右键，在弹出的快捷菜单中选择【转换为】/【转换为可编辑多边形】命令，进入多边形子对象层级，选择正面的多边形，单击"编辑几何体"卷展栏中的"切片平面"按钮，移动切片平面后单击"切片"按钮将其切出几条新的边，如图 1-87 所示。

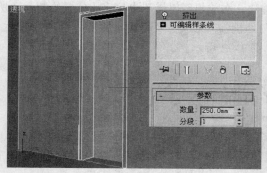
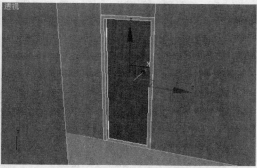

图 1-85   图 1-86

（22）进入边子对象层级，此时系统将自动选中刚刚新切出的几条边，单击"切角"按钮右侧的"设置"按钮，打开"切角边"对话框，将切角量设置为"10mm"，单击"确定"按钮，如图 1-88 所示。

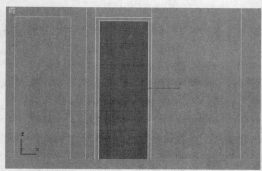
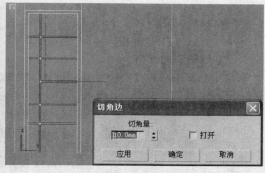

图 1-87   图 1-88

（23）进入多边形子对象层级，在前视图选中正面的多个多边形，如图 1-89 所示。

（24）单击"挤出"按钮右边的"设置"按钮，打开"挤出多边形"对话框，将挤出高度设置为"10mm"，单击"确定"按钮，如图 1-90 所示，这样门的主体模型就完成了。

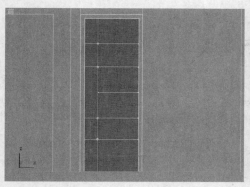
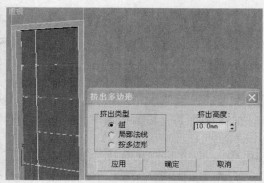

图 1-89   图 1-90

（25）在图形"创建"面板中单击"线"按钮，在前视图门模型中拉手的位置绘制如图所示的二维曲线，创建二维曲线时应注意曲线与门的比例，形状并不是固定的，如图 1-91 所示。

（26）执行【倒角】命令，其参数设置如图 1-92 所示。

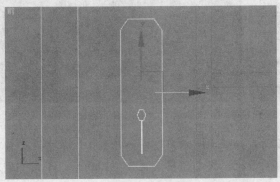
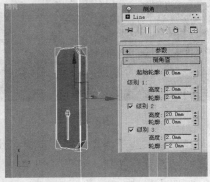

图 1-91   图 1-92

（27）在顶视图绘制如图 1-93 所示的二维曲线。

（28）对曲线使用"倒角"修改器，参数保持不变，这样就将该物体变成了有厚度的物体，使用【锥化】命令，对其参数进行控制，将其移动到如图 1-94 所示位置。

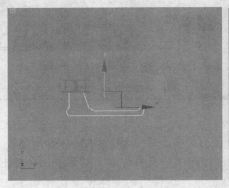

图 1-93   图 1-94

（29）再次使用"锥化"修改器，进入 Gizmo 子对象层级，对子物体进行移动，位置不固定，可以根据所设置的锥化参数来控制子物体的位置，但锥化的轴向是固定的，如图 1-95 所示。

（30）选择创建的两个模型，将其调整到门模型的前方位置，按"M"键打开"材质编辑器"对话框，为其指定一个材质，并将样本球命名为"不锈钢"，选择门和门框模型，为其指定一个材质并将对应的样本球命名为"木纹-门"，如图 1-96 所示。

提示　　在制作门模型时，可以将门、门框和门把手物体结合成一个物体，但在结合前必须为每个物体指定材质，这样在结合时可以选择默认的结合选项，若未指定材质就进行结合，后期指定材质时会非常麻烦，因此要为不同的表面指定不同的材质 ID。

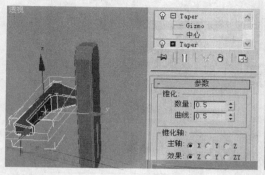
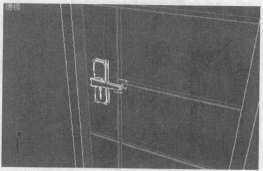

图 1-95　　　　　　　　　　　　　　　　图 1-96

（31）选择门、门框和门把手模型，将其成组为一个名为"门 01"的组，将成组后的模型复制两组，分别调整到另外两个门框的位置，如图 1-97 所示。

（32）用同样的方法制作客厅电视墙左边的落地门的模型，分别为其制作并指定名为"窗框"和"玻璃"的材质，如图 1-98 所示。

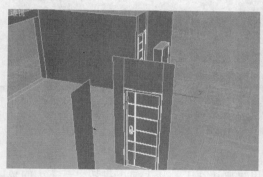
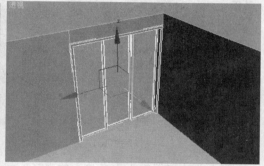

图 1-97　　　　　　　　　　　　　　　　图 1-98

（33）选择墙体模型，进入多边形子对象层级，选中"忽略背面"复选框，在视图中选择地面表面所在面的多边形，如图 1-99 所示。

（34）在"编辑几何体"卷展栏中单击"分离"按钮，将其以"地面"为名进行分离，如图 1-100 所示，按"H"键，在打开的"选择对象"对话框中选择"地面"，对其颜色进行修改，按"Ctrl+I"组合键进行反选，单击鼠标右键，在弹出的快捷菜单中选择【隐藏当前选择】命令。

> **提示**　　　将模型结合成一个整体后可以对这个物体进行整体修改，在调整比例和位置时该方法非常有效。在分离地面模型时要特别注意应该将挤出门的地面部分也一起分离，因为这部分多边形的材质与地面的材质相同。

（35）在顶视图中选择"地面"，进入多边形子对象层级，选择所有多边形，单击"编辑几何体"卷展栏中的"快速切片"按钮，根据 CAD 平面图上客厅与餐厅分界处的位置结合捕捉功能从上向下切出一条边，如图 1-101 所示。

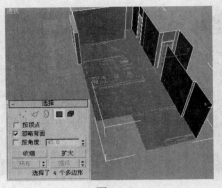
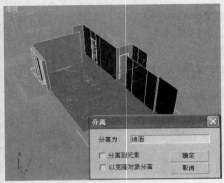

图 1-99　　　　　　　　　　　　　图 1-100

（36）按住 "Alt" 键，取消右边部分的选择，再次结合捕捉功能在顶视图中根据 CAD 平面图从左向右切出一条边，如图 1-102 所示。

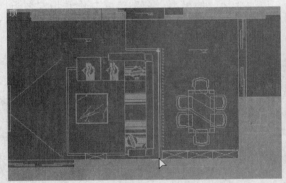
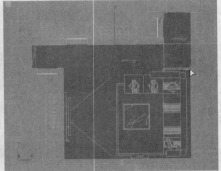

图 1-101　　　　　　　　　　　　　图 1-102

（37）再次取消对下面多边形的选择，使用快速切片工具从上向下再切出一条小的边，如图 1-103 所示。

（38）进入边子对象层级，在透视图中选择多余的 3 条边，按 "Backspace" 键将其移除，如图 1-104 所示。

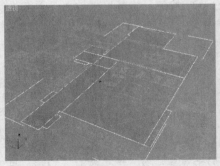
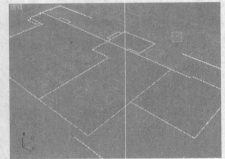

图 1-103　　　　　　　　　　　　　图 1-104

（39）进入多边形子对象层级，选择餐厅位置的多边形，单击 "分离" 按钮，将其以 "餐

"地"为名进行分离，如图 1-105 所示。

（40）选择"餐地"，进入多边形子对象层级，单击"挤出"按钮右边的"设置"按钮，打开"挤出多边形"对话框，将挤出高度设置为"100mm"，单击"确定"按钮，如图 1-106 所示。

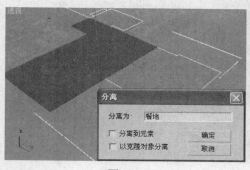 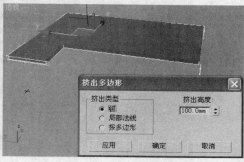

图 1-105　　　　　　　　　　　　　　　图 1-106

（41）单击鼠标右键，在弹出的快捷菜单中选择【全部取消隐藏】命令，选择墙体模型，进入多边形子对象层级，选择电视墙位置和左边的多边形，如图 1-107 所示。

（42）单击"分离"按钮，将其以"彩色墙"为名进行分离，至此整个场景的主体框架模型就完成了，如图 1-108 所示。

 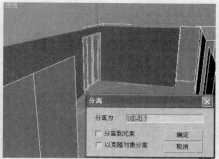

图 1-107　　　　　　　　　　　　　　　图 1-108

1.10　创建室内模型

本例将制作一个室内场景，制作前先对软件基本环境进行设置，然后分别创建模型的墙体和窗户等部分，最终效果如图 1-109 所示。制作效果图的最初步骤即是进行建模，制作室内效果图也一样，在最初阶段，需要构思好模型的基本尺寸，然后在 3ds Max 9.0 中进行建模。但在制作一些墙体较复杂的室内效果图模型时，通常会根据提供的施工图进行创建，即需要将后缀名为.dwg 的 CAD 图形导入到 3ds Max 9.0 的场景中，然后根据二维线条

进行绘制。

图 1-109

素材文件\第 1 章\室内模型\家具.max
最终效果\第 1 章\室内模型\室内模型.max

 制作思路

本例的制作思路如图 1-110 所示，涉及的知识点有设置单位和创建模型等，其中的创建模型是本例的制作重点。

① 创建平面和地毯　　　　② 合并家具模型　　　　③ 创建其他模型

图 1-110

 操作步骤

（1）启动 3ds Max 9.0，选择【自定义】/【单位设置】命令，打开"单位设置"对话框，选中"公制"单选按钮，在激活的下拉列表框中选择"毫米"选项，单击"系统单位设置"按钮，如图 1-111 所示。

（2）在打开的"系统单位设置"对话框的下拉列表框中选择"毫米"选项，单击"确定"按钮完成设置，如图 1-112 所示。

图 1-111　　　　　　　　　　　　　　　图 1-112

（3）选择【渲染】/【渲染】命令，打开"渲染场景：默认扫描线渲染器"对话框，单击"公用"选项卡，在"指定渲染器"卷展栏中单击"产品级"栏的 按钮，如图 1-113 所示。

（4）在打开的"选择渲染器"对话框中选择 V-Ray Ady 1.5 RC3，如图 1-114 所示。

图 1-113　　　　　　　　　　　　　　　图 1-114

（5）在几何体"创建"面板中单击"平面"按钮，在顶视图中绘制作为地板的平面，在"参数"卷展栏中设置平面的参数如图 1-115 所示。

（6）在前视图中绘制长度和宽度分别为"3000"和"7000"的平面，将其与底面在 Z 轴位置的最小值和最大值，Y 轴位置的最大值和最大值对齐，在左视图绘制长度和宽度分别为"3000"和"5000"的平面，将其移动到相应位置，如图 1-116 所示。

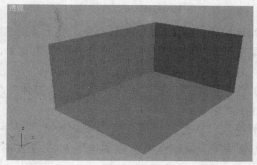

图 1-115　　　　　　　　　　　　　　　图 1-116

（7）在几何体"创建"面板的下拉列表框中选择"AEC 扩展"选项，单击"栏杆"按钮，在顶视图中创建栏杆，在"栏杆"卷展栏中修改参数，如图 1-117 所示，并设置木围栏间距的计数为"2"，完成窗格绘制。

（8）分别在"立柱"和"栅栏"卷展栏中设置参数，在场景中将绘制的栏杆与透明墙在 X、Y 和 Z 位置上都中心对齐，如图 1-118 所示。

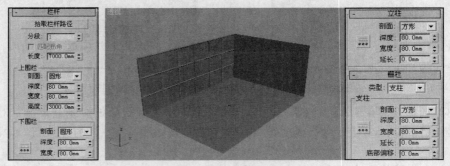

图 1-117   图 1-118

（9）选择底面，按住"Shift"键将其向上移动，在打开的"克隆选项"对话框中选中"复制"单选按钮，在"副本数"数值框中输入"1"，单击"确定"按钮，如图 1-119 所示，将其移动到相应位置，使用相同的方法，复制生成其他两个墙面。

（10）为了方便制作，将靠向观察者方向的 3 个面隐藏，在顶视图中绘制一个长度和宽度均为"3000"的平面，结合不同的视图将其移到地面的上方，作为地毯，如图 1-120 所示。

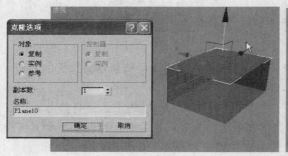
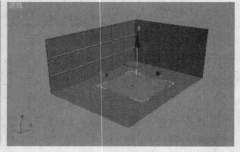

图 1-119   图 1-120

（11）选择【文件】/【合并】命令，打开素材文件"家具.max"，将所有家具合并到场景中，选择【组】/【成组】命令，将合并的模型成组，对其进行移动、旋转和放缩，放置到地板上方，效果如图 1-121 所示。

（12）在几何体"创建"面板中单击"长方体"按钮，在左视图中绘制一个长方体，其参数如图 1-122 所示。

（13）进入"修改"面板，将绘制的长方体转换为可编辑多边形，进入子对象编辑状态（为了方便观察，以线框模式显示模型），在左视图中将内部的边向外侧移动，如图 1-123 所示。

图 1-121　　　　　　　　　　　　　　　　　图 1-122

（14）进入多边形子对象编辑状态，在左视图中将正面中间的多边形挤出"−50mm"，并将该多边形删除。在左视图中创建一个长、宽和高分别为"750mm"、"1450mm"和"30mm"，分段数均为"1"的长方体，将其与可编辑多边形在 X、Y 和 Z 位置上都中心对齐，如图 1-124 所示。

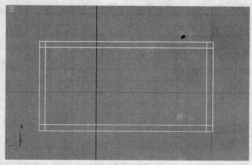

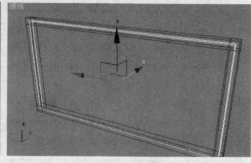

图 1-123　　　　　　　　　　　　　　　　　图 1-124

（15）将创建的电视移动到墙上相应的位置，在左视图中创建两个长度和宽度都为"1000"和"500"的平面，将其移动到相应的位置，完成模型的创建，最终效果如图 1-109 所示。

1.11　课后练习

根据本章所学内容，动手完成以下实例的制作。

练习 1　制作简约茶几

运用设置单位、创建长方体和设置长方体参数等操作，完成如图 1-125 所示简约茶几的制作。

素材文件\第 1 章\课后练习\练习 1\茶几支架.max
最终效果\第 1 章\课后练习\练习 1\简约茶几.max、简约茶几.tif

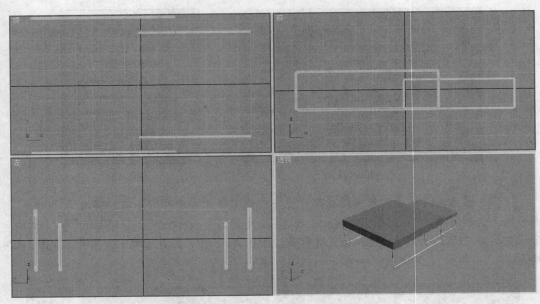

图 1-125

练习 2　制作笔记本电脑

运用创建切角长方体和旋转操作等操作，完成如图 1-126 所示笔记本电脑的制作。

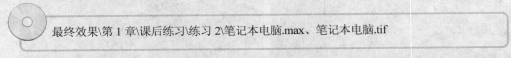

最终效果\第 1 章\课后练习\练习 2\笔记本电脑.max、笔记本电脑.tif

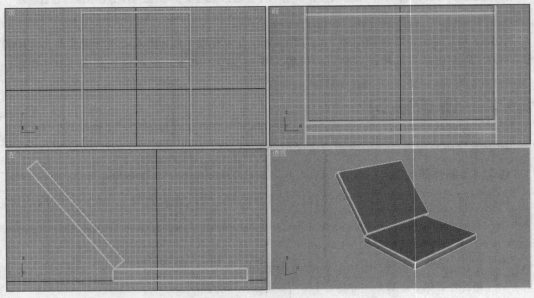

图 1-126

练习 3　制作装饰品

运用创建球体和复制等操作创建装饰品，然后将其合并到一个场景中，并为其制作材质，通过渲染后完成如图 1-127 所示装饰品的制作。

素材文件\第 1 章\课后练习\练习 3
最终效果\第 1 章\课后练习\练习 3\装饰品.max、装饰品.tif

图 1-127

练习 4　制作装饰植物

运用创建植物和设置植物参数等操作创建装饰植物，然后将其合并到一个场景中，并为其制作材质，通过渲染后完成如图 1-128 所示装饰植物的制作。

素材文件\第 1 章\课后练习\练习 4
最终效果\第 1 章\课后练习\练习 4\花盆.max、装饰植物.tif

图 1-128

练习 5　制作楼梯护栏

运用创建栏杆和拾取栏杆路径等操作创建楼梯护栏，然后将其合并到一个场景中，并为其制作材质，通过渲染后完成如图 1-129 所示楼梯护栏的制作。

素材文件\第 1 章\课后练习\练习 5
最终效果\第 1 章\课后练习\练习 5\楼梯护栏.max、楼梯护栏.tif

图 1-129

练习 6　制作玻璃护栏

运用创建栏杆和移动等操作创建玻璃护栏，然后将其合并到一个场景中，并为其制作材质，通过渲染后完成如图 1-130 所示玻璃护栏的制作。

素材文件\第 1 章\课后练习\练习 6

最终效果\第 1 章\课后练习\练习 6\玻璃护栏.max、玻璃护栏.tif

图 1-130

练习 7　制作枢轴门

运用创建枢轴门和设置枢轴门参数等操作创建枢轴门，然后将其合并到一个场景中，并为其制作材质，通过渲染后完成如图 1-131 所示枢轴门的制作。

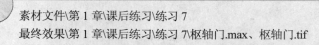

素材文件\第 1 章\课后练习\练习 7
最终效果\第 1 章\课后练习\练习 7\枢轴门.max、枢轴门.tif

图 1-131

练习 8　制作折叠门

运用创建折叠门和设置折叠门参数等操作创建折叠门，然后将其合并到一个场景中，并为其制作材质，通过渲染后完成如图 1-132 所示折叠门的制作。

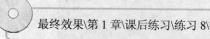

最终效果\第 1 章\课后练习\练习 8\折叠门.max、折叠门.tif

图 1-132

练习 9　制作伸出式窗

运用创建伸出式窗和设置伸出式窗参数等操作创建伸出式窗，然后将其合并到一个场景中，并为其制作材质，通过渲染后完成如图 1-133 所示伸出式窗的制作。

素材文件\第 1 章\课后练习\练习 9
最终效果\第 1 章\课后练习\练习 9\伸出式窗.max、伸出式窗.tif

图 1-133

练习 10　制作直线楼梯

运用创建直线楼梯和设置直线楼梯参数等操作创建直线楼梯，然后将其合并到一个场景中，并为其制作材质，通过渲染后完成如图 1-134 所示直线楼梯的制作。

最终效果\第 1 章\课后练习\练习 10\直线楼梯.max、直线楼梯.tif

图 1-134

第 2 章

创建复杂模型

3ds Max 9.0 提供的模型虽然都具有一定的形态，但它们不一定都能直接满足需要，这时可利用系统提供的修改器对几何体进行修改，以得到比较复杂的模型。本章将以 7 个制作实例来介绍 3ds Max 9.0 中一些三维场景中常使用的二维和三维修改器创建复杂模型的相关知识。

本章学习目标：
- 制作毛巾架
- 制作台灯架
- 制作草地
- 制作工具箱
- 制作足球
- 制作啤酒杯
- 创建卧室主体模型

2.1　制作毛巾架

实例目标

本例将创建矩形，然后使用"编辑样条线"修改器对矩形进行修改，完成毛巾架的制作，最后将创建好的毛巾架通过渲染后得到真实毛巾架的效果，最终效果如图 2-1 所示。

　素材文件\第 2 章\毛巾架
　最终效果\第 2 章\毛巾架\毛巾架.max、毛巾架.tif

制作思路

本例的制作思路如图 2-2 所示，涉及的知识点有创建矩形、编辑分段子对象、修改渲染属性等操作，其中编辑分段子对象和修改渲染属性是本例的制作重点。

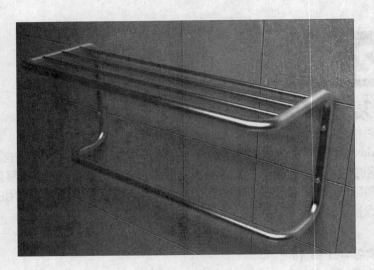

图 2-1

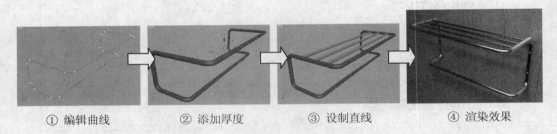

① 编辑曲线　　　② 添加厚度　　　③ 设制直线　　　④ 渲染效果

图 2-2

操作步骤

（1）启动 3ds Max 9.0，在顶视图中绘制一个长度和宽度分别为"300mm"和"800mm"的矩形，如图 2-3 所示。

（2）对矩形使用"编辑样条线"修改器，按"2"键进入分段子对象层级，选择并删除上方的分段，如图 2-4 所示。

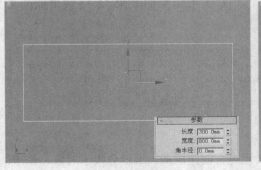

图 2-3

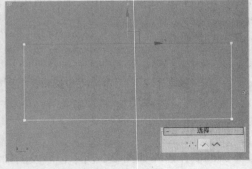

图 2-4

（3）在左视图中框选所有分段，并在"几何体"卷展栏的"连接复制"栏中选中"连接"复选框，如图 2-5 所示。

（4）单击"选择并移动"按钮，按住"Shift"键沿 Y 轴向下拖动所选择线段，观察发现拖动的同时复制生成了新分段，如图 2-6 所示。

图 2-5   图 2-6

（5）在左视图中框选右侧垂直的分段，按"Delete"键删除选择的分段，如图 2-7 所示。

（6）按"1"键进入顶点子对象层级，继续在左视图中框选右下角的顶点，并沿 X 轴向右侧移动至如图 2-8 所示位置。

 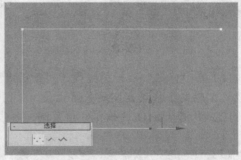

图 2-7   图 2-8

（7）框选所有顶点，单击"几何体"卷展栏中的"焊接"按钮，选择所有顶点，在"几何体"卷展栏的"圆角"按钮右侧的数值框中输入"30"，按"Enter"键确认，如图 2-9 所示。

（8）在透视图中的曲线上单击鼠标右键，在弹出的快捷菜单中选择【转换为】/【转换为可编辑样条线】命令，在"渲染"卷展栏下选中"在渲染中启用"和"在视图中启用"复选框，并设置厚度为"20mm"，如图 2-10 所示。

（9）在"创建"面板中单击"线"按钮，在顶视图中拖动后单击鼠标绘制如图 2-11 所示的直线，单击鼠标右键确认。

（10）在"渲染"卷展栏中设置厚度为"15mm"，并结合左视图将其调整至如图 2-12 所示位置。

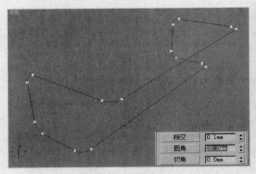

图 2-9

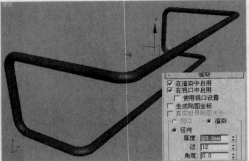

图 2-10

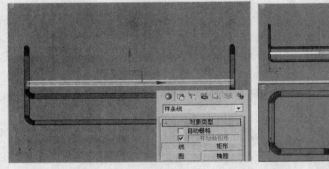

图 2-11

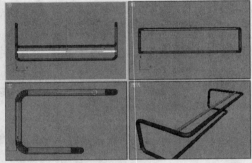

图 2-12

（11）在"修改"面板的线段子对象层级中选择当前线段，在顶视图中按住"Shift"键不放沿 Y 轴向上拖动复制一条新线段，如图 2-13 所示。

（12）重复步骤 11 的操作，再复制一条线段，完成毛巾架的创建，如图 2-14 所示。

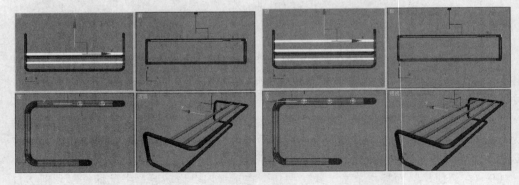

图 2-13   图 2-14

（13）将创建好的模型合并到一个场景中并为其制作材质，通过渲染后得到真实毛巾架表现效果，最终效果如图 2-1 所示。

2.2　制作台灯架

 **实例目标**

　　本例将创建切角长方体，然后使用"弯曲"修改器对长方体进行修改，修改过程中要使用镜像工具，完成台灯的制作，最后将创建好的台灯通过渲染后得到的真实台灯的效果，最终效果如图 2-15 所示。

　　素材文件\第 2 章\台灯\台灯.max

　　最终效果\第 2 章\台灯\台灯.max、台灯.tif

图 2-15

 **制作思路**

　　本例的制作思路如图 2-16 所示，涉及的知识点有创建切角长方体、"弯曲"修改器、镜像工具等操作，其中弯曲修改器和镜像工具是本例的重点内容。

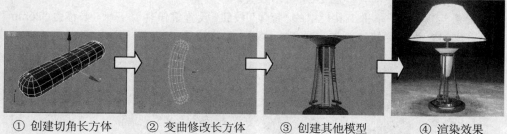

　　① 创建切角长方体　　② 变曲修改长方体　　③ 创建其他模型　　④ 渲染效果

图 2-16

操作步骤

　　（1）打开"台灯.max"文件，场景中的台灯模型还没有最终创建完成，设置创建类别为扩展基本体，单击"切角长方体"按钮，在顶视图中创建一个切角长方体，其参数设置如图 2-17 所示。

　　（2）加载"弯曲"修改器，设置弯曲轴为 Y 轴，弯曲角度为"60"，如图 2-18 所示。

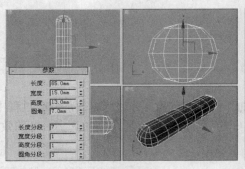
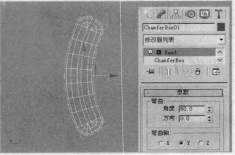

图 2-17   图 2-18

（3）在前视图中再创建一个切角长方体，其参数设置如图 2-19 所示。

（4）为刚创建的切角长方体加载"弯曲"修改器，并设置弯曲轴为 Y 轴，弯曲角度为"–9°"，如图 2-20 所示。

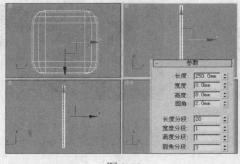

图 2-19   图 2-20

（5）在前视图中将当前模型沿 Z 轴旋转–7°，在顶视图将其沿 Z 轴旋转 7°，然后将旋转后的切角长方体移动至如图 2-21 所示位置。

（6）激活顶视图，单击工具栏中的"镜像"按钮，设置镜像轴为 Y 轴，偏移为"26mm"，并选中"实例"单选按钮，单击"确定"按钮，如图 2-22 所示。

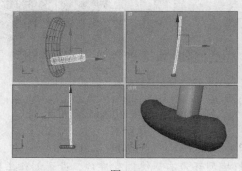
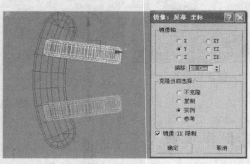

图 2-21   图 2-22

（7）复制步骤（2）弯曲后的切角长方体，并将其均匀缩小至"60%"，然后将其移动至如图 2-23 所示位置。

（8）在顶视图中创建一个长、宽和高分别为"24mm"、"6mm"和"6mm"的长方体，并在前视图将其沿 Z 轴旋转"−7°"，如图 2-24 所示。

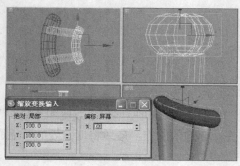 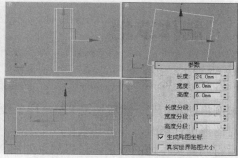

图 2-23　　　　　　　　　　　　　　　　　图 2-24

（9）结合顶视图和前视图将创建的长方体移动至两个在垂直方向上弯曲后的切角长方体之间，如图 2-25 所示。

（10）在左视图中沿 Y 轴复制 5 个长方体，并在前视图中沿 X 轴调整各长方体的位置，如图 2-26 所示。

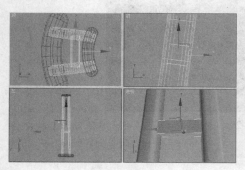 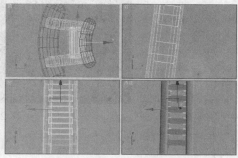

图 2-25　　　　　　　　　　　　　　　　　图 2-26

（11）在顶视图中创建一个半径为"7mm"的球体，并结合各个视图将其调整至如图 2-27 所示位置。

（12）选择步骤（1）～（11）创建的所有模型并组合成组，然后再复制两组模型，最后将它们分别调整至如图 2-28 所示位置。

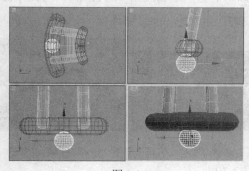 

图 2-27　　　　　　　　　　　　　　　　　图 2-28

（13）将创建好的台灯模型合并到一个三维场景内，并为其制作材质，通过渲染后得到真实台灯表现效果，最终效果如图 2-15 所示。

2.3　制作草地

本例将创建矩形，然后使用"编辑样条线"修改器、"编辑网格"修改器和"弯曲"修改器对图形进行修改，并对其进行散布运算，完成草地的制作，最后将创建好的草地通过渲染后得到真实草地的效果，最终效果如图 2-29 所示。

图 2-29

素材文件\第 2 章\草地
最终效果\第 2 章\草地\草地.max、草地.tif

本例的制作思路如图 2-30 所示，涉及的知识点有"编辑网格"修改器、"弯曲"修改器和散布运算等操作，其中散布运算是本例的制作重点。

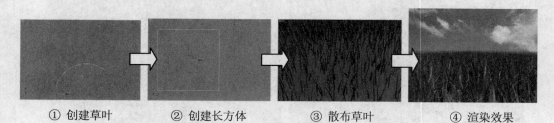

① 创建草叶　　　② 创建长方体　　　③ 散布草叶　　　④ 渲染效果

图 2-30

操作步骤

（1）启动 3ds Max 9.0，在前视图中创建一个长度和宽度分别为"200mm"和"10mm"的矩形并将其命名为"草叶 01"。

（2）使用"编辑样条线"修改器进入顶点子对象层级，选择顶部两顶点，在"几何体"卷展栏的"焊接"数值框中输入"10"，单击"焊接"按钮将选择的顶点进行焊接，如图 2-31 所示。

（3）进入分段子对象层级选择如右图所示的分段，单击 3 次"几何体"卷展栏中的"拆分"按钮，创建如图 2-32 所示顶点。

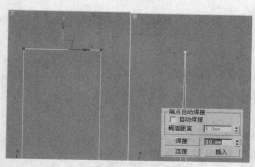

图 2-31

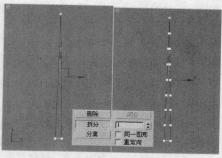

图 2-32

（4）加载"编辑网格"修改器，保持参数不变，快速将曲线转换为几何体，如图 2-33 所示。

（5）在"层次"面板的"调整轴"卷展栏中单击"仅影响轴"按钮，然后结合各个视图将轴移动至集合体底部，再次单击"仅影响轴"按钮退出轴的编辑，如图 2-34 所示。

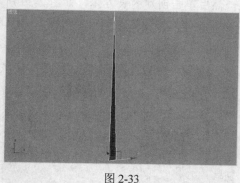

图 2-33

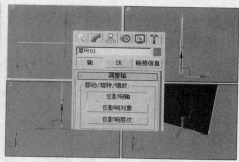

图 2-34

（6）激活左视图，对模型使用"弯曲"修改器，设置弯曲角度为"20"，方向为"90"，弯曲轴为 Y 轴，弯曲后的效果如图 2-35 所示。

（7）在前视图中沿 X 轴向右复制 3 个草叶，依次生成"草叶 02"、"草叶 03"和"草叶 04"，如图 2-36 所示。

（8）分别选择复制的 3 个草叶，并分别修改"弯曲"修改器对应的角度值为"40"、"70"和"130"，如图 2-37 所示。

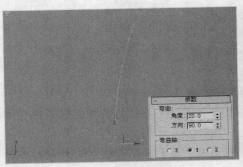
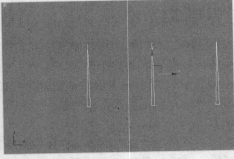

图 2-35   图 2-36

（9）在顶视图中创建一个长度、宽度和高度分别为"1000mm"、"1000mm"和"0mm"的长方体，如图 2-38 所示。

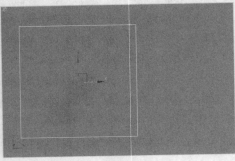

图 2-37   图 2-38

（10）选择"草叶 01"，设置创建类别为复合对象，单击"散布"按钮，在"拾取分步对象"卷展栏中单击"拾取分布对象"按钮，然后单击创建的长方体，如图 2-39 所示。

（11）在"源对象参数"栏中的"重复数"和"基础比例"数值框中分别输入"10000"和"20"，如图 2-40 所示。

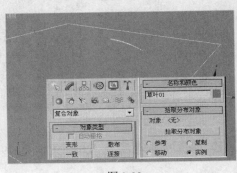

图 2-39   图 2-40

（12）在"变换"卷展栏中，设置分布对象沿 X 轴、Y 轴和 Z 轴分别旋转"10°"、"360°"和"10°"，如图 2-41 所示。

（13）继续将其他草叶对象按照步骤（10）～（12）的操作方法散布到长方体上，得到如图 2-42 所示的散布效果。

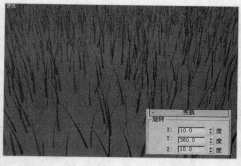
图 2-41

图 2-42

（14）将创建好的模型合并到场景中并为其制作材质，通过渲染后得到真实草地表现效果，最终效果如图 2-29 所示。

2.4　制作工具箱

实例目标

　　本例将创建长方体，然后使用编辑网格的方法对图形进行修改，并对其进行散布运算，完成工具箱的制作，最后将创建好的工具箱通过渲染后得到真实工具箱的效果，最终效果如图 2-43 所示。

图 2-43

素材文件\第 2 章\工具箱
最终效果\第 2 章\工具箱\工具箱.max、工具箱.tif

制作思路

本例的制作思路如图 2-44 所示，涉及的知识点有编辑网格和散布运算等操作，其中编辑网格和散布运算是本例的制作重点。

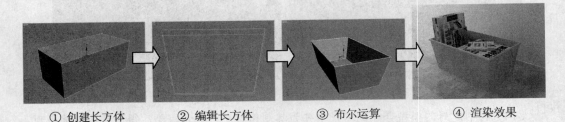

① 创建长方体　　② 编辑长方体　　③ 布尔运算　　④ 渲染效果

图 2-44

操作步骤

（1）启动 3ds Max 9.0，在透视图中创建一个长度、宽度和高度分别为 "200mm"、"400mm" 和 "160mm" 的长方体。

（2）在长方体上单击鼠标右键，在弹出的快捷菜单中选择【转换为】/【转换为可编辑网格】命令，按 "1" 键进入顶点子对象层级，在左视图中拖动选框选择如图 2-45 所示的顶点。

（3）按 "F12" 快捷键打开 "移动变换输入" 对话框，在 "偏移:屏幕" 栏中设置顶点沿 X 轴移动 "-30mm"，如图 2-46 所示。

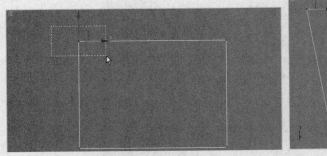

图 2-45

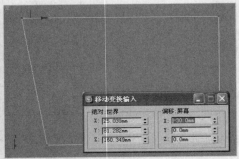

图 2-46

（4）在左视图中框选如图 2-47 所示的顶点，并将选择的顶点沿 X 轴移动 "30mm"。

（5）在前视图中框选如图 2-48 所示的顶点，并将选择的顶点沿 X 轴移动 "-30mm"。

（6）继续在前视图中框选如图 2-49 所示的顶点，并将选择的顶点沿 X 轴移动 "30mm"。

（7）复制一个编辑后的长方体，并将复制后的长方体均匀缩小至 98%，如图 2-50 所示。

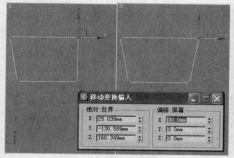

图 2-47

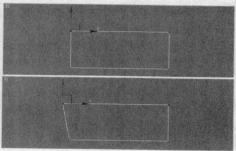

图 2-48

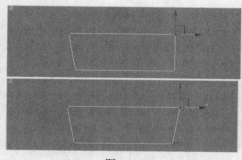

图 2-49

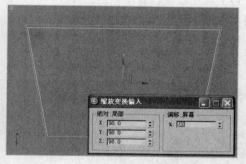

图 2-50

（8）进入顶点子对象层级，在左视图中框选各个顶点，并将它们分别移动至如图 2-51 所示位置。

（9）在前视图中框选各个顶点，并将它们分别移动至如图 2-52 所示位置，退出子对象层级。

图 2-51

图 2-52

（10）设置创建类别为复合对象，单击"布尔"按钮，单击"拾取操作对象 B"按钮，移动鼠标至底部长方体上，如图 2-53 所示。

（11）单击拾取底部长方体，此时系统将自动让顶部的长方体减去底部的长方体，得到如图 2-54 所示效果。

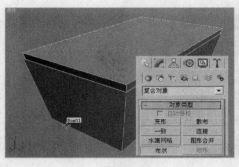

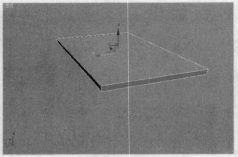

图 2-53   图 2-54

（12）在"参数"卷展栏的"操作"栏中选中"差集（B-A）"单选按钮，此时底部长方体将减去顶部长方体，如图 2-55 所示。

（13）使用相同方法在工具箱顶部创建长方体来模拟边沿，并通过绘制并挤出图形来创建工具箱拉手，得到如图 2-56 所示的工具箱。

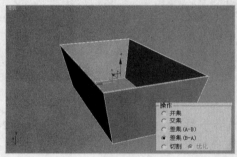

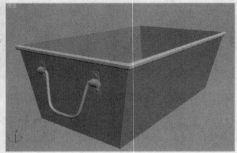

图 2-55   图 2-56

（14）将创建好的模型合并到场景中并为其制作材质，通过渲染后得到真实工具箱表现效果，最终效果如图 2-43 所示。

2.5   制作足球

实例目标

本例将创建异面体，然后挤出多边形，并使用"网格平滑"修改器和"球形化"修改器，完成足球的制作，最后将创建好的足球通过渲染后得到的真实足球的效果，最终效果如图 2-57 所示。

制作思路

本例的制作思路如图 2-58 所示，涉及的知识点有创建异面体、挤出多边形、"网格平滑"修改器、"球形化"修改器等操作，其中挤出多边形是本例的制作重点。

图 2-57

最终效果\第 2 章\足球\足球.max、足球.tif

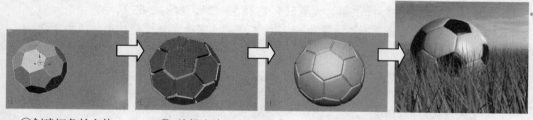

①创建切角长方体　　②编辑多边形　　③平滑和球形化处理　　④渲染效果

图 2-58

操作步骤

（1）设置创建类别 wie 扩展基本体，单击"异面体"按钮，创建一个半径为"50mm"的异面体，设置"系列参数"栏中的 P 值为"0.33"，如图 2-59 所示。

（2）使用"编辑多边形"修改器，在多边形子对象层级中选择所有多边形，如图 2-60 所示。

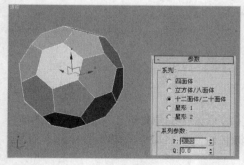

图 2-59

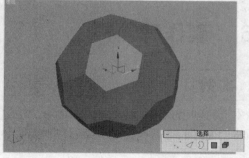

图 2-60

（3）单击"挤出"按钮右侧的"设置"按钮，在打开的对话框中选中"按多边形"单选按钮，设置挤出高度为"5mm"，单击"确定"按钮，如图 2-61 所示。

（4）退出子对象层级，单击"细化"按钮右侧的"设置"按钮，在打开的对话框中单击两次"应用"按钮，然后单击"确定"按钮，在异面体表面增加若干边，如图 2-62 所示。

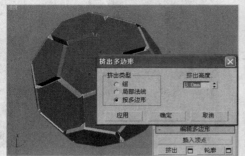
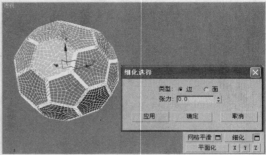

图 2-61　　　　　　　　　　　　　　　　　　图 2-62

（5）加载"网格平滑"修改器，设置迭代次数为"2"，如图 2-63 所示。

（6）加载"球形化"修改器，设置百分比为"70%"，完成足球模型的制作，如图 2-64 所示。

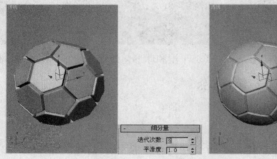

图 2-63　　　　　　　　　　　　　　　　　　图 2-64

（7）将创建好的模型合并到一个场景中，并为其制作材质，通过渲染后得到真实足球表现效果，最终效果如图 2-57 所示。

2.6　制作啤酒杯

实例目标

本例将创建圆柱，然后挤出多边形，并对多边形进行倒角处理，完成啤酒杯的制作，最后将创建好的啤酒杯通过渲染后得到真实啤酒杯的效果，最终效果如图 2-65 所示。

制作思路

本例的制作思路如图 2-66 所示，涉及的知识点有创建圆柱、挤出多边形和倒角多边形等操作，其中倒角多边形是本例的制作重点。

最终效果\第 2 章\啤酒杯\啤酒杯.max、
啤酒杯.tif

图 2-65

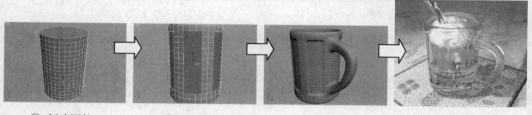

① 创建圆柱　　② 编辑杯体　　③ 编辑手柄　　④ 渲染效果

图 2-66

操作步骤

（1）启动 3ds Max 9.0，在透视图中创建一个半径为"30mm"，高度为"90mm"，高度分段、端面分段和边数分别为"17"、"1"和"32"的圆柱体。

（2）使用"编辑多边形"修改器，在多边形子对象层级中选择圆柱体顶部的多边形，如图 2-67 所示。

（3）单击"插入"按钮右侧的"设置"按钮，在打开的对话框中设置插入量为"2mm"，单击"确定"按钮，以插入生成一个新多边形，如图 2-68 所示。

图 2-67

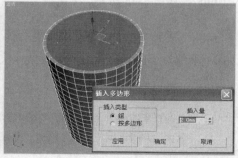

图 2-68

（4）单击"挤出"按钮右侧的"设置"按钮，在打开的对话框中设置挤出高度为

"-73mm"，单击"确定"按钮，如图 2-69 所示。

（5）按住"Alt"键的同时按住鼠标中键拖动旋转透视图，以显示圆柱底部，选择圆柱底部的多边形，如图 2-70 所示。

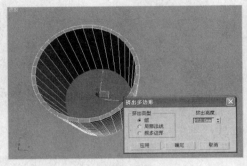 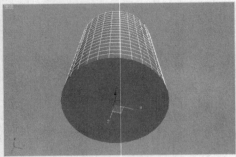

图 2-69 　　　　　　　　　　　　　　　　图 2-70

（6）按照步骤（3）的操作方法，在圆柱体底部创建一个插入量为"2mm"的多边形，如图 2-71 所示。

（7）按照步骤（5）的操作方法，将新生成的多边形进行倒角处理，倒角高度为"-2mm"，倒角轮廓量为"-1mm"，如图 2-72 所示。

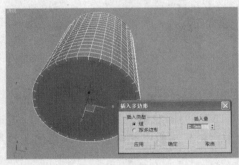 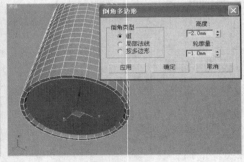

图 2-71 　　　　　　　　　　　　　　　　图 2-72

（8）继续对当前选择多边形进行第 2 次倒角处理，倒角高度为"-2mm"，倒角轮廓量为"1mm"，如图 2-73 所示。

（9）继续对当前选择多边形进行第 3 次倒角处理，倒角高度为"-5mm"，倒角轮廓量为"-4mm"，如图 2-74 所示。

（10）继续对当前选择多边形进行第 4 次倒角处理，倒角高度为"-4mm"，倒角轮廓量为"-10mm"，如图 2-75 所示。

提示　　为样条线应用"倒角剖面"修改器后，拾取后的样条线仍然显示在视图中，但不能将其删除，否则倒角后的三维物体没有厚度。

（11）进入顶点子对象层级，在前视图中按住"Ctrl"键不放，框选圆柱体顶部和底部的所有顶点，如图 2-76 所示。

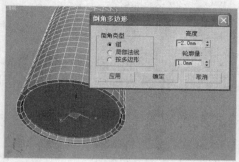

图 2-73

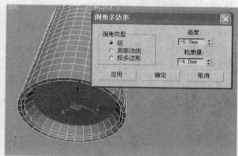

图 2-74

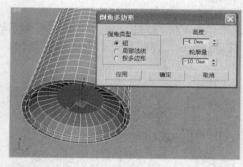

图 2-75

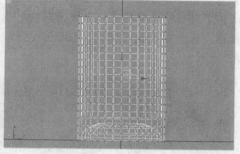

图 2-76

（12）单击工具栏中的"选择并均匀缩放"按钮，按"F12"键，在打开的对话框中输入"95"，按"Enter"键后关闭对话框，如图 2-77 所示。

（13）在多边形子对象层级中选择圆柱体表面的 13 行和 3 列共计 39 个多边形，如图 2-78 所示。

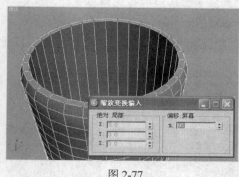

图 2-77

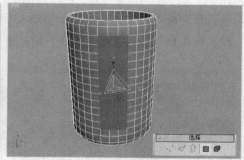

图 2-78

（14）按照步骤（4）的操作方法，将当前选择的多边形进行挤出处理，挤出高度为"−1.8mm"，如图 2-79 所示。

（15）再依次选择与当前挤出多边形间隔 2 列的圆柱表面的 13 行和 3 列多边形，并对其进行相同的挤出处理，如图 2-80 所示。

图 2-79 图 2-80

（16）对圆柱表面进行挤出处理后，有两块处理面之间还间隔 4 列多边形未被处理，选择如图所示的多边形，如图 2-81 所示。

（17）对当前选择的多边形进行两次挤出处理，在"挤出类型"栏中选中"局部法线"单选按钮，设置挤出高度都为"15mm"，然后按"Delete"键删除当前选择的多边形，如图 2-82 所示。

图 2-81 图 2-82

（18）进入顶点子对象层级，在前视图中对删除多边形后的顶点调整至如图 2-83 所示左图部分并分别将对应顶点移动至如图 2-83 所示右图部分。

（19）框选捕捉移动至所有顶点，然后单击"编辑顶点"卷展栏中的"焊接"按钮，如图 2-84 所示。

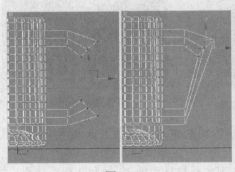
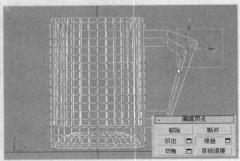

图 2-83 图 2-84

（20）分别在前视图和顶视图中移动焊接处及其周围的各个顶点，直至得到如图 2-85

所示的手柄效果。

（21）进入子对象层级，使用加载"网格平滑"修改器，设置迭代数为"3"，完成啤酒杯模型的制作，如图 2-86 所示。

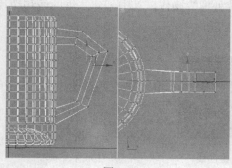

图 2-85　　　　　　　　　　　　　　图 2-86

（22）将创建好的模型合并到一个场景内，并为其制作材质，通过渲染后得到真实啤酒杯表现效果，最终效果如图 2-65 所示。

2.7　创建卧室主体模型

实例目标

本例是一个比较复杂的实例创建卧室效果的其中一部分，包括创建简单模型和复杂模型的多数知识点，另外还包括创建二维曲线和切片处理的操作，最终效果如图 2-87 所示。

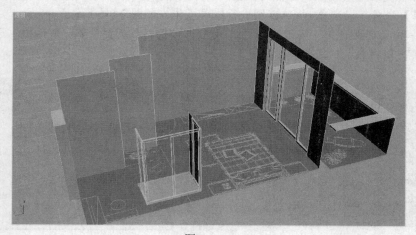

图 2-87

素材文件\第 2 章\卧室主体模型\卧室平面.dwg
最终效果\第 2 章\卧室主体模型\主体.max

制作思路

本例的制作思路如图 2-88 所示，涉及的知识点有创建图形、编辑图形、调入 CAD 图形和使用各种编辑器，以及创建二维曲线、切片处理等操作，其中创建二维曲线和切片处理是本例的制作重点。

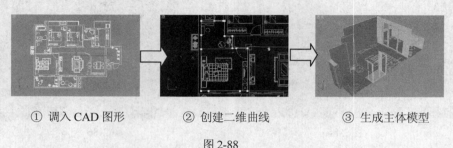

① 调入 CAD 图形　　② 创建二维曲线　　③ 生成主体模型

图 2-88

操作步骤

2.7.1 调入 CAD 图形

（1）启动 3ds Max 9.0，选择【文件】/【导入】命令，导入名为"卧室平面.dwg"的文件，导入过程所有参数均保持默认，在顶视图按"Ctrl+A"组合键全选所有图形，选择【组】/【成组】命令将以"平面 CAD"为名成组。

（2）在状态栏中移动回到原点的位置，单击鼠标右键，在弹出的快捷菜单中选择【冻结当前选择】命令，以避免对 CAD 图进行错误操作，如图 2-89 所示。

（3）单击"捕捉开关"按钮，按"S"键打开"栅格和捕捉设置"对话框，选中"顶点"、"端点"和"中点"复选框，如图 2-90 所示。

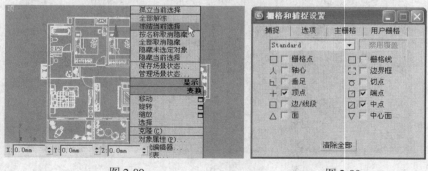

图 2-89　　　　　　　　　　　　　　图 2-90

（4）单击"选项"选项卡，选中"捕捉到冻结对象"、"使用轴约束"、"显示橡皮筋"和"将轴中心用作开始捕捉点"复选框，如图 2-91 所示。

（5）选择"自定义-自定义用户界面"命令打开"自定义用户界面"对话框，单击"颜色"选项卡，在上方的列表中选择"视口背景"选项，将右上角的颜色框设置为纯黑色，其他参数保持不变，单击"关闭"按钮，如图 2-92 所示。

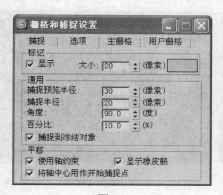

图 2-91

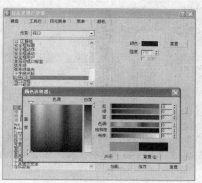

图 2-92

（6）关闭该对话框，视图的背景全部变为黑色，这样就能完全看清楚 CAD 图形。

2.7.2 创建二维曲线

（1）按住"Ctrl"键不放单击鼠标右键，在弹出的快捷菜单中选择【线】命令，如图 2-93 所示。

（2）在顶视图中根据 CAD 图卧室区域墙体的内表面绘制一段封闭的二维曲线，将其命名为"主墙"，如图 2-94 所示。

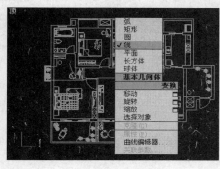

图 2-93

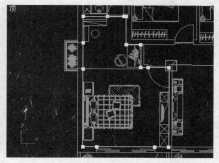

图 2-94

（3）对曲线使用"挤出"修改器，设置数量为"2800mm"，如图 2-95 所示。

（4）在顶视图中根据 CAD 图阳台内表面绘制一段封闭的二维曲线，如图 2-96 所示。

（5）选择【自定义】/【自定义用户界面】命令，在"颜色"选项卡中将"视口背景"的颜色设置为"灰色"，对曲线使用"挤出"修改器，设置数量为"1200mm"，如图 2-97 所示。

（6）选择"主墙"模型，单击鼠标右键，在弹出的快捷菜单中选择【转换为】/【转换为可编辑多边形】命令，将该物体转换为可编辑多边形，单击"附加"按钮，在视图中单击拾取上一步创建的阳台模型，进入多边形子对象层级，选中"选择"卷展栏中的

"忽略背面"复选框，选择阳台上方的多边形，按"Delete"键将其删除，如图 2-98 所示。

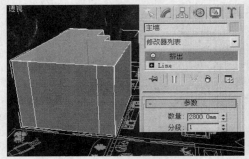
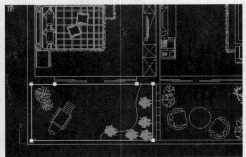

图 2-95 图 2-96

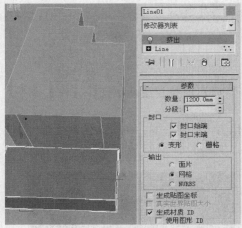
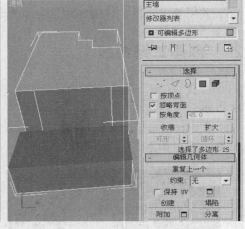

图 2-97 图 2-98

（7）进入元素子对象层级，在视图中框选两个元素，单击鼠标右键，在弹出的快捷菜单中选择【翻转法线】命令，如图 2-99 所示。

（8）完成翻转法线后整个模型就能从室外直接看到室内的表面了，如图 2-100 所示。

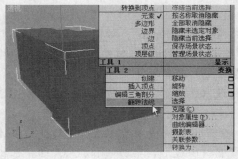
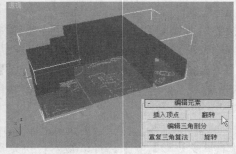

图 2-99 图 2-100

2.7.3 主体切片

（1）进入多边形对象层级，选择阳台与卧室主体门之间的那个多边形，按"Delete"键将其删除，如图 2-101 所示。

（2）调整透视图角度，选择落地门位置的多边形，单击"切片平面"按钮，在状态栏中将切片平面沿 Z 轴移动到"2500mm"的位置，如图 2-102 所示。

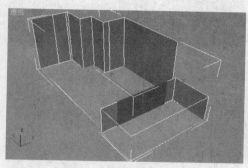

图 2-101

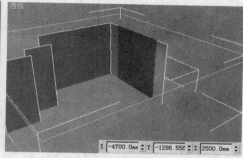

图 2-102

（3）单击"切片"按钮，再次单击"切片平面"按钮，退出切片平面，在空白位置单击，取消所有多边形的选择，此时可以看到在门上面多了一个边，如图 2-103 所示。

（4）选择门位置的多边形，单击鼠标右键，在弹出的快捷菜单中选择【挤出】命令前的"设置"按钮，可以看到在右键快捷菜单中还有很多其他功能，如图 2-104 所示。

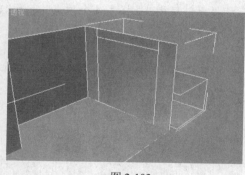

图 2-103

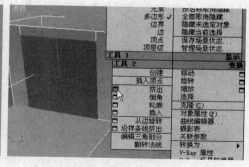

图 2-104

（5）打开"挤出多边形"对话框，设置挤出高度为"-240mm"，单击"确定"按钮，如图 2-105 所示。

（6）按"Delete"键将这个多边形表面删除，进入顶点子对象层级，如图 2-106 所示。

（7）在"选择"卷展栏中取消选中"忽略背面"复选框，在顶视图中框选卧室主体和阳台连接部分的顶点，如图 2-107 所示。

（8）激活前视图，可以看到所有在顶视图中重叠的顶点都被选择了，按住"Alt"键不放，使用框选的方法将上面的 4 个顶点取消选择，如图 2-108 所示。

（9）在"编辑顶点"卷展栏中单击"焊接"按钮右边的"设置"按钮，打开"焊接顶点"对话框，保持默认参数，单击"确定"按钮，如图 2-109 所示。

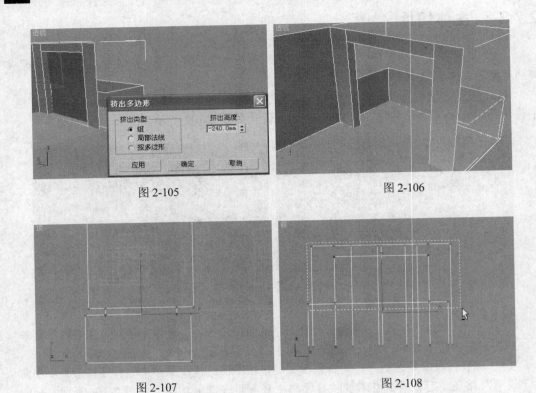

图 2-105   图 2-106

图 2-107   图 2-108

（10）完成焊接，"选择"卷展栏的底部显示的提示信息由"选择了 4 个顶点"变为"选择了 2 个顶点"，如图 2-110 所示。

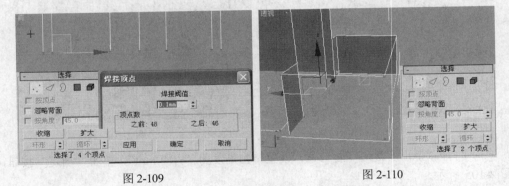

图 2-109   图 2-110

（11）进入元素子对象层级，在透视图选择模型，此时整个模型的表面全部被选中，表示前面的操作正确。

2.7.4   创建门

（1）现在来制作门的部分，进入多边形子对象层级，选中"忽略背面"复选框，在透视图中根据 CAD 图选择两个门所在的多边形，如图 2-111 所示。

（2）单击"切片平面"按钮，出现黄色的切片平面，在状态栏中将其在 Z 轴方向上的位置设置为"2100mm"，如图 2-112 所示。

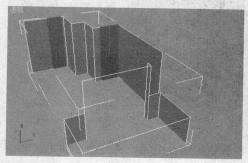

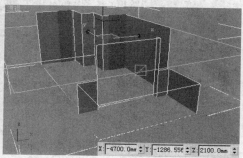

图 2-111   图 2-112

（3）单击"切片"按钮，完成两个门高度的切片操作。再次单击"切片平面"按钮，退出切片平面，在空白位置处单击鼠标，取消所有多边形的选择，此时在门上面多出一条边，如图 2-113 所示。

（4）选择两个门洞位置的多边形，单击"编辑多边形"卷展栏中"挤出"按钮右边的"设置"按钮，打开"挤出多边形"对话框，将挤出高度设置为"–240mm"，单击"确定"按钮，如图 2-114 所示。

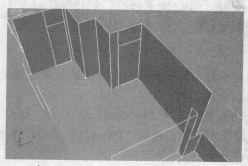

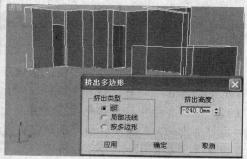

图 2-113   图 2-114

（5）按"Detete"键将两个多边形删除，得到两个中空的门洞，可用于创建门模型。

（6）在"创建"面板中单击"矩形"按钮，在前视图绘制一个长和宽分别为"2100mm"和"700mm"的矩形，使用捕捉功能将这个矩形移动到主卧卫生间门洞所在的位置，如图 2-115 所示。

（7）单击鼠标右键，在弹出的快捷菜单中选择【转换为】/【转换为可编辑多边形】命令。

（8）进入多边形对象层级，选择整个模型惟一的一个多边形，单击"编辑多边形"卷展栏"插入"按钮右边的"设置"按钮，打开"插入多边形"对话框，将插入量设置为"50mm"，单击"确定"按钮，如图 2-116 所示。

（9）单击"挤出"按钮右边的"设置"按钮，打开"挤出多边形"对话框，将挤出高度设置为"–50mm，"单击"确定"按钮，如图 2-117 所示。

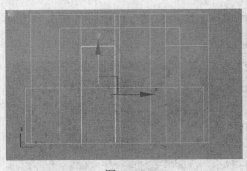

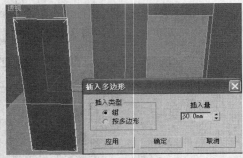

图 2-115　　　　　　　　　　　图 2-116

（10）单击"切片平面"按钮，此时将出现黄色的切片平面，将这个平面沿 X 轴旋转 90°，如图 2-118 所示。

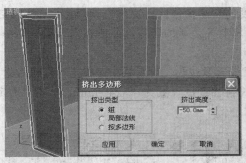

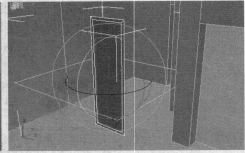

图 2-117　　　　　　　　　　　图 2-118

（11）单击"选择并移动"按钮，在状态栏中将切片平面在 Z 方向上的位置设置为 "1200mm"，单击"切片"按钮完成一次切片，如图 2-119 所示。

（12）在状态栏中将切片平面在 Z 方向上的位置设置为"1950mm"，单击"切片"按钮完成第 2 次切片，再次将切片平面在 Z 方向上的位置设置为"150mm"，单击"切片"按钮完成第 3 次切片，如图 2-120 所示。

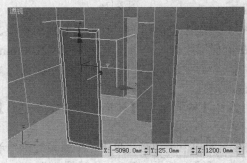

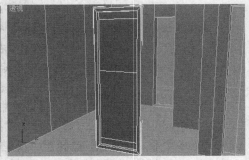

图 2-119　　　　　　　　　　　图 2-120

（13）退出切片平面操作，现在来做竖向切片，取消上面和下面两个多边形的选择，再次单击"切片平面"按钮，将平面沿 Y 轴旋转 90°，单击"选择并移动"按钮，将切片

平面在 X 方向上的位置设置为 "–5130mm"，如图 2-121 所示。

（14）再次将切片平面在 X 方向上的位置设置为 "–4880mm"，单击 "切片" 按钮，如图 2-122 所示。

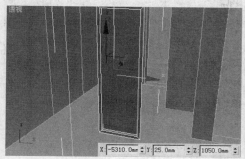

图 2-121   图 2-122

（15）单击 "切片平面" 按钮，退出切片平面的操作，在空白位置处单击鼠标，取消所有多边形的选择。

（16）选择下面的多边形，对这个多边形操作制作条缝，如图 2-123 所示。

（17）按照前面切片的方法将该表面进行 3 次切片操作，完成后取消所有多边形的选择，如图 2-124 所示。

图 2-123   图 2-124

（18）进入边子对象层级，选择刚刚切出来的 3 条边。

（19）在 "编辑边" 卷展栏中单击 "切角" 按钮右边的 "设置" 按钮打开 "切角边" 对话框，将切角量设置为 "5mm"，单击 "确定" 按钮，如图 2-125 所示。

（20）进入多边形对象层级，选择刚刚切角做出来的 3 个小多边形，如图 2-126 所示。

（21）单击 "倒角" 按钮右边的 "设置" 按钮，打开 "倒角多边形" 对话框，将高度和轮廓量分别设置为 "3mm" 和 "–2mm"，单击 "确定" 按钮将这 3 个多边形进行倒角，如图 2-127 所示。

（22）选择如图 2-128 所示的多边形。

（23）单击 "倒角" 按钮右边的 "设置" 按钮，打开 "倒角多边形" 对话框，将高度和轮廓量分别设置为 "–10mm" 和 "–10mm"，单击 "确定" 按钮，如图 2-129

所示。

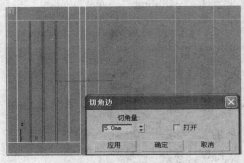

图 2-125　　　　　　　　　　　　　　图 2-126

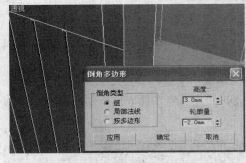

图 2-127　　　　　　　　　　　　　　图 2-128

（24）现在门的主体模型就制作完成了，保持多边形的选择状态，在"多边形属性"卷展栏中将 ID 号设置为"1"，如图 2-130 所示。

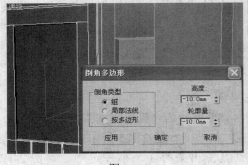
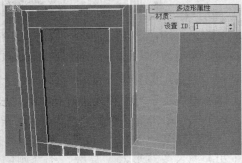

图 2-129　　　　　　　　　　　　　　图 2-130

（25）按"Ctrl+I"组合键，反选其他多边形，在"多边形属性"卷展栏中将 ID 号设置为"2"，如图 2-131 所示。

（26）进入顶点子对象层级，在前视图选择中间部分的所有顶点，将其向下调整一定的距离，以平衡门上下的比例，如图 2-132 所示。

（27）进入边界子对象层级，按"Ctrl+A"组合键选择所有边界，激活顶视图，按住"Shift"键将其沿 Y 轴向上移动 250mm，如图 2-133 所示。

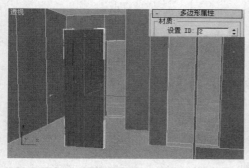
图 2-131

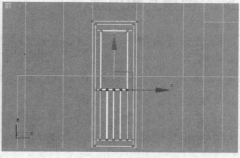
图 2-132

（28）退出子对象层级，单击"捕捉开关"按钮，在顶视图中捕捉门模型左侧中点，将其拖动到门阀对应的中点位置，如图 2-134 所示。

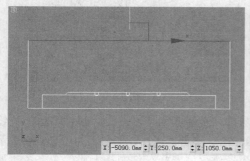
图 2-133

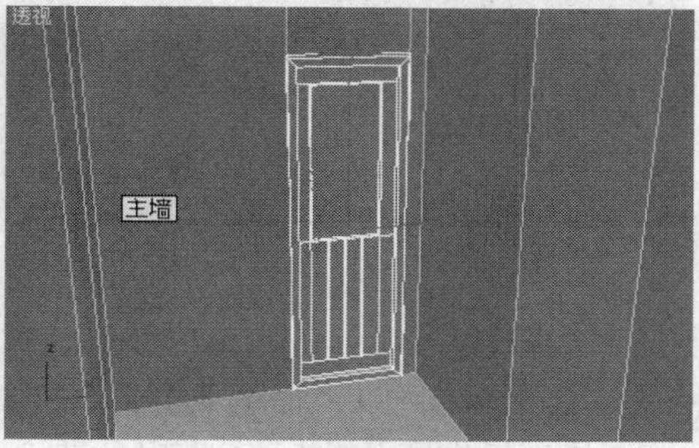

图 2-134

（29）在"创建"面板中设置创建类别为门，单击"枢轴门"按钮在顶视图创建一个枢轴门，在"修改"面板中设置"参数"卷展栏中的参数，如图 2-135 所示。

（30）在"页扇参数"卷展栏中设置门的厚度为"50mm"，门挺/顶梁为"100mm"，底梁为"100mm"，水平窗格、垂直窗格和镶板间距分别为"2"、"5"和"30"，再对镶板参数进行如图 2-136 所示设置。

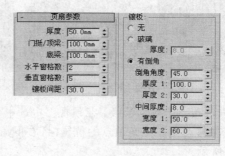
图 2-135

图 2-136

（31）单击"选择并移动"按钮将模型移动到主卧的入口门的位置，将其命名为"入口门"，按"M"键打开"材质编辑器"对话框，为其指定一个样本球，命名为"入口门"。

2.7.5　创建其他模型

（1）选择墙体模型，进入多边形子对象层级，选中"忽略背面"复选框，选择所有地面的多边形。

（2）单击"分离"按钮打开"分离"对话框，将其以"地面"为名进行分离，如图 2-137 所示。

（3）退出子对象层级，选择分离出来的地面，在"材质编辑器"对话框中为其指定名为"木纹-地板"的样本球，如图 2-138 所示。

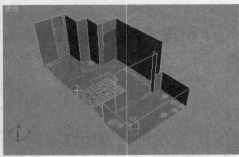

图 2-137　　　　　　　　　　　　　　　图 2-138

（4）选择墙体模型，进入多边形子对象层级，选择 3 面墙，单击"切片平面"按钮，在状态栏中将 Z 轴方向上的位置设置为"1150mm"，单击"切片"按钮，如图 2-139 所示。

（5）退出切片平面的操作，取消下方 3 个多边形的选择，仅选择上面的 3 个多边形，单击"挤出"按钮右边的"设置"按钮，打开"挤出多边形"对话框，选中"局部法线"单选按钮，将挤出高度设置为"300mm"，单击"确定"按钮，如图 2-140 所示。

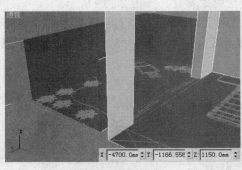

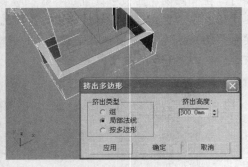

图 2-139　　　　　　　　　　　　　　　图 2-140

（6）进入顶点子对象层级，在顶视图中选中下面的两排顶点，利用捕捉功能将左下角的顶点沿 X 轴移动到左上角顶点的位置，将右下角的顶点也移动到与右上角顶点进行对齐，如图 2-141 所示。

（7）结合捕捉功能在前视图中根据落地门的外框绘制如图 2-142 所示的一个矩形。

（8）按"Alt+Q"组合键孤立显示矩形，单击鼠标右键，在弹出的快捷菜单中选择【转换为】/【转换为可编辑样条线】命令。

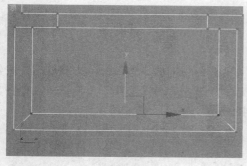 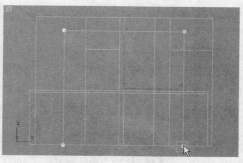

图 2-141　　　　　　　　　　　　　　　图 2-142

（9）进入线段子对象层级，选择上面一条线段，在"拆分"按钮后面的文本框中输入"2"后单击该按钮，如图 2-143 所示。

（10）在前视图中根据上一个矩形绘制一个小矩形，将其转换为可绘制编辑样条线，进入样条线子对象层级，将其偏移 60mm，如图 2-144 所示。

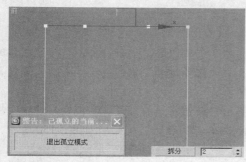 

图 2-143　　　　　　　　　　　　　　　图 2-144

（11）退出子对象层级，对之前得到的样条线使用"挤出"修改器将数量设置为"50mm"，用相同方法制作其他两个小门框，然后将这 3 个门框分别移动到如图 2-145 所示位置并删除最外面用作参照的矩形。

（12）将这 3 个模型中的一个转换为可编辑多边形，再将其他两个模型附加到一起，在"材质编辑器"对话框中为其指定名为"钨钢"的材质球，选择墙体，进入多边形对象层级，选择飘窗位置的那个多边形，如图 2-146 所示。

 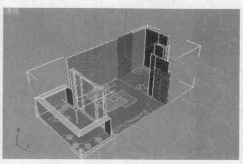

图 2-145　　　　　　　　　　　　　　　图 2-146

（13）单击"切片平面"按钮，在状态栏中将 Z 轴方向上的位置设置为"900mm"，单击"切片"按钮，再将 Z 轴方向上的位置设置为"2500mm"，再次单击"切片"按钮，如图 2-147 所示。

（14）退出切片平面的操作，选择刚刚切片得到的中间的多边形，单击"挤出"按钮右边的"设置"按钮，打开"挤出多边形"对话框，选中"局部法线"单选按钮，先将其挤出"−240mm"，第 2 次挤出高度设置为"−460mm"，如图 2-148 所示。

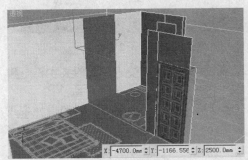
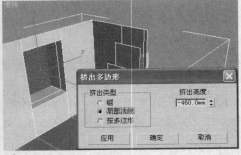

图 2-147   图 2-148

（15）选择第 2 次挤出时生成的正面和侧面的 3 个多边形，单击"插入"按钮右边的"设置"按钮，打开"插入多边形"对话框，选中"按多边形"单选按钮，将插入量设置为"50mm"，单击"确定"按钮，如图 2-149 所示。

（16）选择插入后生成的多边形，单击"挤出"按钮右边的"设置"按钮，选中"按多边形"单选按钮，将挤出高度设置为"20mm"，单击"确定"按钮，如图 2-150 所示。

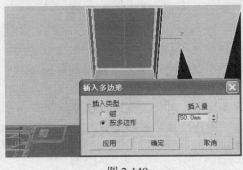
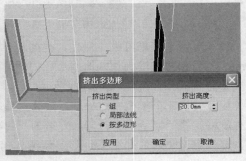

图 2-149   图 2-150

（17）进入边子对象层级，选择中间那个大多边形的两条边，单击"连接"按钮右边的"设置"按钮，打开"连接边"对话框，将分段设置为"1"，单击"确定"按钮，如图 2-151 所示。

（18）保持中间这个边的选择状态，单击"切角"按钮右边的"设置"按钮，打开"切角边"对话框，将切角量设置为"20mm"，单击"确定"按钮，使其生成两条边，如图 2-152 所示。

（19）进入多边形对象层级，选中刚刚切角边时生成的多边形，单击"挤出"按钮右边的"设置"按钮，将挤出高度设置为"20mm"，单击"确定"按钮，如图 2-153 所示。

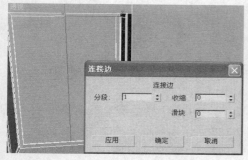

图 2-151

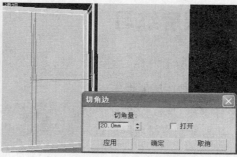

图 2-152

（20）现在窗户的主体已经完成，选择 4 个作为窗玻璃的多边形，单击"分离"按钮，打开"分离"对话框，将其以"窗玻璃"为名进行分离，为其指定名为"玻璃"的样本球，如图 2-154 所示。

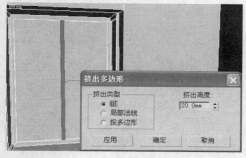

图 2-153

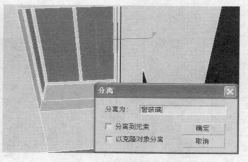

图 2-154

（21）再利用切片功能在飘窗下部墙体切一个"50mm"的多边形，将整个窗台和刚切出的表面以"窗台"为名分离出来，并指定名为"大理石"的样本球，如图 2-155 所示。

（22）完成客厅主体模型的创建，如图 2-156 所示。

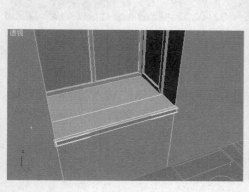

图 2-155

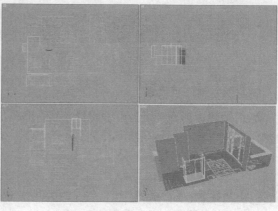

图 2-156

2.8 课后练习

根据本章所学内容，动手完成以下实例的制作。

练习 1 制作房屋框架

运用导入 CAD 文件和"挤出"修改器等操作创建房屋框架，然后将其合并到一个场景中，并为其制作材质，通过渲染后完成如图 2-157 所示房屋框架的制作。

素材文件\第 2 章\课后练习\练习 1
最终效果\第 2 章\课后练习\练习 1\房屋框架.max、休息室.tif

图 2-157

练习 2 制作百叶窗

运用创建矩形、转换为可编辑样条线、编辑样条线子对象、"挤出"修改器、阵列工具等操作创建百叶窗，然后将其合并到一个场景中，并为其制作材质，通过渲染后完成如图 2-158 所示百叶窗的制作。

素材文件\第 2 章\课后练习\练习 2\房屋框架.max
最终效果\第 2 章\课后练习\练习 2\百叶窗.max、百叶窗.tif

图 2-158

练习 3　制作弧形电视墙

运用创建矩形、编辑顶点子对象、编辑线段子对象、"挤出"修改器等操作创建弧形电视墙，然后将其合并到一个场景中，并为其制作材质，通过渲染后完成如图 2-159 所示弧形电视墙的制作。

最终效果\第 2 章\课后练习\练习 3\弧形电视墙.max、弧形电视墙.tif

图 2-159

练习 4 制作烛台

运用创建切角长方体、拉伸修改器、车削修改器等操作创建烛台，然后将其合并到一个场景中，并为其制作材质，通过渲染后完成如图 2-160 所示烛台的制作。

素材文件\第 2 章\课后练习\练习 4
最终效果\第 2 章\课后练习\练习 4\烛台.max、烛台.tif

图 2-160

练习 5 制作电缆

运用创建管状体、圆柱体、"扭曲"修改器等操作创建电缆，然后将其合并到一个场景中，并为其制作材质，通过渲染后完成如图 2-161 所示电缆的制作。

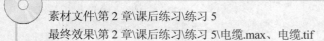

素材文件\第 2 章\课后练习\练习 5
最终效果\第 2 章\课后练习\练习 5\电缆.max、电缆.tif

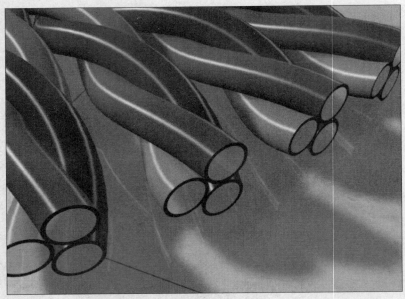

图 2-161

练习 6　制作湖水

运用创建平面和"噪波"修改器等操作创建湖水，然后将其合并到一个场景中，并为其制作材质，通过渲染后完成如图 2-162 所示湖水的制作。

素材文件\第 2 章\课后练习\练习 6
最终效果\第 2 章\课后练习\练习 6\湖水.max、湖水.tif

图 2-162

练习 7　制作沙发抱枕

运用"锥化"修改器、"松弛"修改器、"FFF（长方体）"修改器等操作创建沙发抱枕，然后将其合并到一个场景中，并为其制作材质，通过渲染后完成如图 2-163 所示沙发抱枕的制作。

素材文件\第 2 章\课后练习\练习 7
最终效果\第 2 章\课后练习\练习 7\沙发抱枕.max、沙发抱枕.tif

图 2-163

练习 8　制作休闲椅

运用创建曲线、编辑曲线、"倒角剖面"修改器等操作创建休闲椅，然后将其合并到一个场景中，并为其制作材质，通过渲染后完成如图 2-164 所示休闲椅的制作。

素材文件\第 2 章\课后练习\练习 8
最终效果\第 2 章\课后练习\练习 8\体闲椅.max、体闲椅.tif

图 2-164

练习 9　制作餐具

运用绘制曲线、"车削"修改器、"编辑网格"修改器、连接运算等操作创建餐具，然后将其合并到一个场景中，并为其制作材质，通过渲染后完成如图 2-165 所示餐具的制作。

素材文件\第 2 章\课后练习\练习 9
最终效果\第 2 章\课后练习\练习 9\餐具.max、餐具.tif

图 2-165

练习 10 制作储油桶

运用创建长方体和"编辑多边形"修改器等操作创建储油桶，然后将其合并到一个场景中，并为其制作材质，通过渲染后完成如图 2-166 所示储油桶的制作。

素材文件\第 2 章\课后练习\练习 10
最终效果\第 2 章\课后练习\练习 10\储油桶.max、储油桶.tif

图 2-166

练习 11　制作置物架

运用移动顶点、连接边、挤出多边形等操作创建置物架，然后将其合并到一个场景中，并为其制作材质，通过渲染后完成如图 2-167 所示置物架的制作。

最终效果\第 2 章\课后练习\练习 11\置物架.max、置物架.tif

图 2-167

练习 12　制作螺丝

运用创建弹簧、选择与焊接顶点、选择与挤出边等操作创建螺丝，然后将其合并到一个场景中，并为其制作材质，通过渲染后完成如图 2-168 所示螺丝的制作。

素材文件\第 2 章\课后练习\练习 12
最终效果\第 2 章\课后练习\练习 12\螺丝.max、螺丝.tif

图 2-168

第3章
制作建筑构件和家具

任何一个大型三维建筑场景都是由若干个建筑构件组成。例如，一幢别墅是由墙体、窗户、花架、门头、阳台、雨篷等建筑构件组成，因此要制作好大型三维场景，必须精通各个小型建筑构件的制作。而室内效果图中的家具，就如同人物的服装，它们不仅要满足人们的起居生活的需要，还要体现出居住环境的完整设计风格，反映出居住者的职业特征、审美趣味、文化素养等。本章将以7个制作实例来介绍 3ds Max 9.0 中一些室外建筑常用建筑构件的制作和一些常用室内家具的制作的相关知识。

本章学习目标：
  📖 制作景观拉膜
  📖 制作阳台
  📖 制作楼梯采光窗
  📖 制作双体沙发
  📖 制作办公椅
  📖 制作客厅建筑构件
  📖 制作卧室建筑构件

3.1 制作景观拉膜

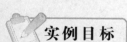

实例目标

本例将创建拉膜，然后使用"挤出"修改器对拉膜进行制作，并制作拉膜柱和拉膜绳，完成景观拉膜的制作，最后将创建好的景观拉膜通过渲染后得到真实景观拉膜的效果，最终效果如图 3-1 所示。

最终效果\第3章\景观拉膜\景观拉膜.max、景观拉膜.tif

图 3-1

 **制作思路**

本例的制作思路如图 3-2 所示，涉及的知识点有编辑顶点、"挤出"修改器和渲染线条等操作，其中渲染线条是本例的制作重点。

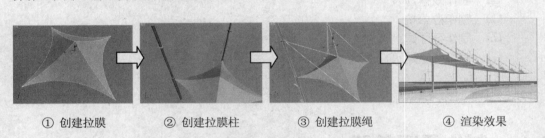

① 创建拉膜　　　② 创建拉膜柱　　　③ 创建拉膜绳　　　④ 渲染效果

图 3-2

操作步骤

（1）启动 3ds Max 9.0，在顶视图中创建一个长度和宽度都为 "3300mm" 的矩形，并将其沿 Z 轴旋转 45°。

（2）将矩形转换为可编辑样条线，单击 "选择并移动" 按钮进入顶点子对象层级，将其左侧的两条线段编辑成如图 3-3 所示曲线效果。

（3）在左视图中编辑各个顶点及其调整手柄，直至得到如图 3-4 所示的曲线效果。

（4）继续在前视图中编辑各个顶点及调整手柄，直至得到如图 3-5 所示的曲线效果。

（5）对曲线使用 "挤出" 修改器，设置挤出数量为 "1mm"，并选中 "封口始端" 和 "封口末端" 复选框，将曲线转换为三维模型，如图 3-6 所示。

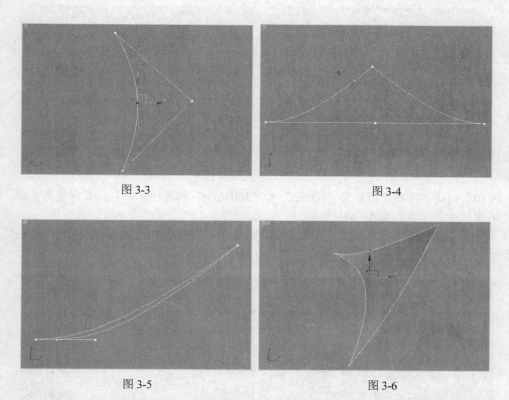

图 3-3　　　　　　　　　　　　　　　图 3-4

图 3-5　　　　　　　　　　　　　　　图 3-6

（6）单击"层次"卷展栏中的"仅影响轴"按钮，在顶视图中移动坐标轴至最右侧的顶点处，如图 3-7 所示。

（7）继续在前视图中移动坐标轴至如图 3-8 所示位置，单击"仅影响轴"按钮退出坐标轴编辑状态。

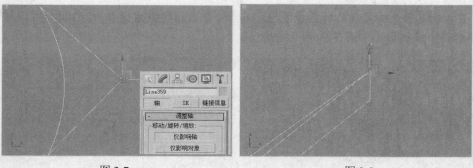

图 3-7　　　　　　　　　　　　　　　图 3-8

（8）选择【工具】/【阵列】命令，设置沿 Z 轴旋转 90°，阵列数量为"4"，单击"确定"按钮，如图 3-9 所示。

（9）在透视图中创建半径和高度分别为"100mm"和"3600mm"的圆柱体，如图 3-10所示。

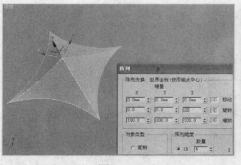

图 3-9　　　　　　　　　　　　　　　　　图 3-10

（10）创建半径和高度分别"60mm"和"3800mm"的圆柱体，并将其调整到步骤（9）创建的圆柱体正上方，如图 3-11 所示。

（11）在顶视图中创建长度、宽度和高度分别为"700mm"、"210mm"和"15mm"的长方体，并将其调整到如图 3-12 所示位置。

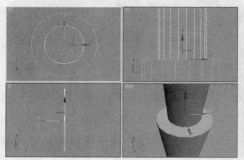
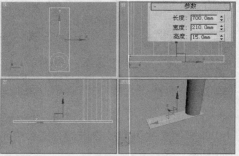

图 3-11　　　　　　　　　　　　　　　　　图 3-12

（12）在顶视图绘制如图 3-13 所示的封闭曲线，在其上单击鼠标右键，在弹出的快捷菜单中选择【转换为】/【转换为可编辑样条线】命令。

（13）对转换后的可编辑样条线使用"挤出"修改器，设置数量为"20mm"，并结合左视图将其沿 Y 轴移动至如图 3-14 所示位置。

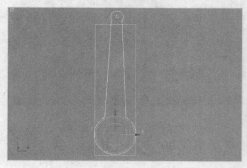

图 3-13　　　　　　　　　　　　　　　　　图 3-14

（14）在顶视图中创建长度、宽度和高度分别为"240mm"、"210mm"和"50mm"的长方体，并将其调整至如图 3-15 所示位置。

（15）在顶视图中创建两个长度、宽度和高度分别为"60mm"、"20mm"和"50mm"的长方体，并将其调整至如图 3-16 所示位置。

图 3-15

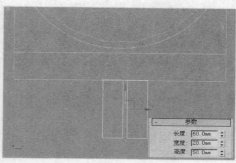

图 3-16

（16）结合顶点捕捉功能，在左视图中将步骤（15）创建的两个长方体捕捉移动至如图 3-17 所示。

（17）在左视图单击 3 次绘制如图 3-18 所示的开放直线，以将其作为拉膜需要的钢绳。

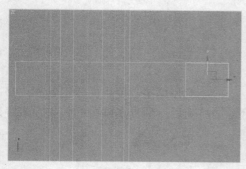

图 3-17

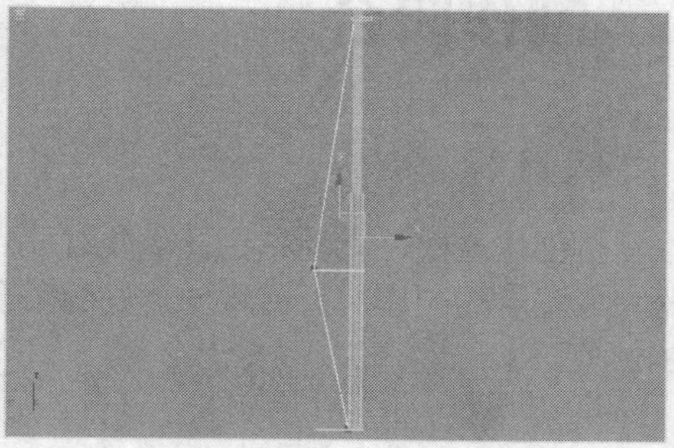

图 3-18

（18）在"渲染"卷展栏中选中"在渲染中启用"和"在视图中启用"复选框，设置厚度为"10mm"，如图 3-19 所示。

（19）选择步骤（9）～（18）创建的所有模型，将其成组后调整至如图 3-20 所示位置。

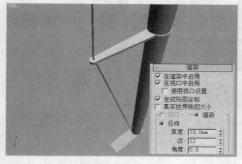

图 3-19

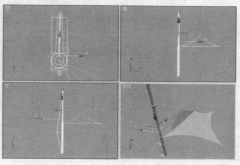

图 3-20

（20）在顶视图沿 X 轴向右复制一组选择的对象，并将其调整至如图 3-21 所示位置。

（21）沿拉膜柱和拉膜绘制如图 3-22 所示的曲线作为拉绳，并为其添加"10mm"的厚度。

 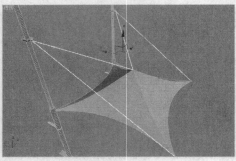

图 3-21   图 3-22

（22）将创建好的拉膜合并到一室外场景中并为其制作材质，通过渲染后得到真实景观拉膜表现效果，最终效果如图 3-1 所示。

3.2　制作阳台

实例目标

本例将创建地板、立柱和栏杆，并对顶点进行连接和焊接，使用间隔工具和"挤出"修改器完成阳台的制作，最后将创建好的阳台通过渲染后得到真实阳台的效果，最终效果如图 3-23 所示。

图 3-23

最终效果\第 3 章\阳台\阳台.max、阳台.tif

制作思路

　　本例的制作思路如图 3-24 所示，涉及的知识点有连接顶点、焊接顶点、间隔工具和挤出修改器等操作，其中焊接顶点和间隔工具是本例的制作重点。

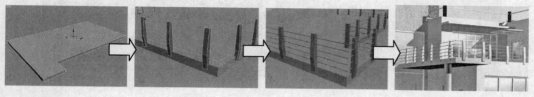

① 创建地板　　　　② 创建立柱　　　　③ 创建栏杆　　　　④ 渲染效果

图 3-24

 **操作步骤**

　　（1）启动 3ds Max 9.0，在顶视图中绘制一个长度和宽度分别为 "8000mm" 和 "2000mm" 的矩形。

　　（2）复制矩形，将复制后的矩形的长度和宽度分别更改为 "6700mm" 和 "10000mm"，并将其捕捉移动至如图 3-25 所示位置。

　　（3）选择步骤（1）创建的矩形使用 "编辑样条线" 修改器，单击 "几何体" 卷层栏中的 "附加" 按钮，单击拾取另一个矩形，将它们合并在一起，如图 3-26 所示。

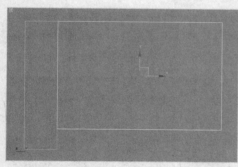

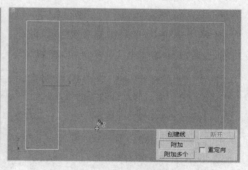

图 3-25　　　　　　　　　　　　　　　　　　图 3-26

　　（4）进入分段子对象层级，框选如图 3-27 所示的线段，按 "Delete" 键删除选择的分段。

　　（5）进入顶点子对象层级，单击 "连接" 按钮，移动鼠标至左下侧底部断开顶点处，按住鼠标左键拖动至其上方的顶点处，如图 3-28 所示，释放鼠标在两个顶点间创建分段。

　　（6）框选如图 3-29 所示顶点，单击 "焊接" 按钮，以将框选的两个顶点焊接为一个顶点，然后按 "Delete" 键删除焊接后的顶点。

　　（7）退出子对象层级，使用加载 "挤出" 修改器，设置挤出数量为 "300mm"，这样就创建好了阳台所在的地板，如图 3-30 所示。

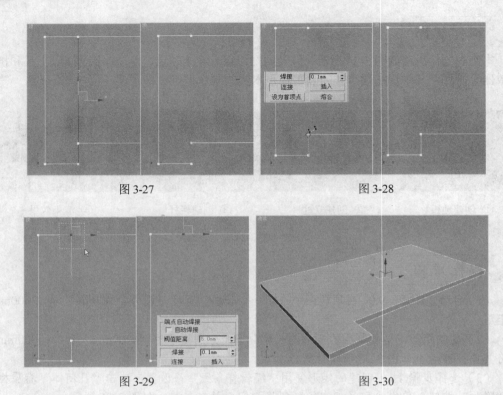

图 3-27   图 3-28

图 3-29   图 3-30

（8）在左视图中绘制一个长度和宽度分别为"1130mm"和"100mm"的矩形，如图 3-31 所示。

（9）对矩形使用"编辑样条线"修改器，进入顶点子对象层级，在左侧分段上添加一个顶点并将顶点编辑为如图 3-32 所示效果。

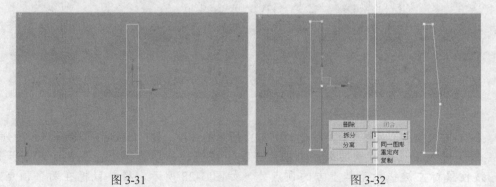

图 3-31   图 3-32

（10）退出子对象层级，使用"挤出"修改器，设置挤出数量为"150mm"，为阳台护栏创建好一个立柱，如图 3-33 所示。

（11）开启顶点捕捉功能，然后在顶视图中沿地板边缘绘制如图 3-34 所示的开放曲线。

（12）选择步骤（10）挤出的立柱，选择【工具】/【间隔工具】命令，单击"拾取路径"按钮，单击拾取步骤（11）绘制的曲线，如图 3-35 所示。

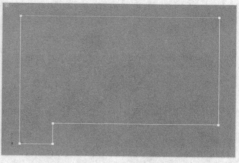

图 3-33　　　　　　　　　　　　　　图 3-34

（13）打开"间隔工具"对话框，设置计数为"21"，以间隔复制 21 个立柱，单击"应用"按钮，单击"关闭"按钮，如图 3-36 所示。

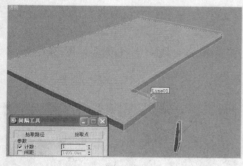

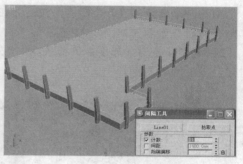

图 3-35　　　　　　　　　　　　　　图 3-36

（14）按"A"键开启角度捕捉，选择【自定义】/【栅格和捕捉设置】命令，在打开的对话框中单击"选项"选项卡设置角度为 90°，如图 3-37 所示。

（15）按"E"键选择旋转工具，选择如图 3-38 左图所示的立柱，向右拖动一次黄色旋转线框，将其沿 Z 轴旋转-90°。

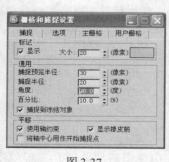

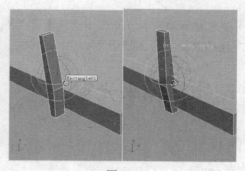

图 3-37　　　　　　　　　　　　　　图 3-38

（16）按照步骤（15）的操作方法分别将其他该方向上的立柱旋转-90°。

（17）拖动地板右侧如图 3-39 所示的立柱，然后将其沿 Z 轴旋转 90°。

（18）分别将已旋转立体位于同方向上的立柱旋转 90°。

（19）选择所有立柱，并在透视图中将其在 Z 轴位置上的最小与地板的中心进行对齐，如图 3-40 所示。

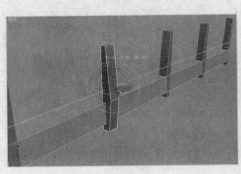
图 3-39

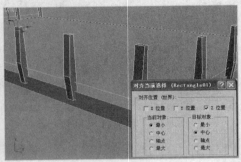
图 3-40

（20）选择步骤（11）绘制的曲线，并在"渲染"卷展栏中设置厚度为"20mm"，然后将其向上移动至如图 3-41 所示位置。

（21）复制 4 条增加厚度后的曲线，并分别将复制的曲线向上移动至如图 3-42 所示位置，得到阳台护栏所需的栏杆。

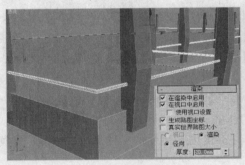
图 3-41

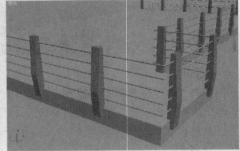
图 3-42

（22）将创建好的阳台合并到一建筑场景中并为其制作材质，通过渲染后得到真实阳台表现效果，最终效果如图 3-23 所示。

3.3　制作楼梯采光窗

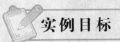
实例目标

本例将创建墙体、隔板和窗框，并在制作过程中使用附加曲线和捕捉移动操作，然后使用"晶格"修改器、"编辑多边形"修改器和"挤出"修改器完成楼梯采光窗的制作，最后将创建好的楼梯采光窗通过渲染后得到真实楼梯采光窗的效果，最终效果如图 3-43 所示。

图 3-43

最终效果\第 3 章\楼梯采光窗\楼梯采光窗.max、楼梯采光窗.tif

 制作思路

本例的制作思路如图 3-44 所示，涉及的知识点有附加曲线、捕捉移动、"晶格"修改器、"编辑多边形"修改器、"挤出"修改器等操作，其中"晶格"修改器和"编辑多边形"修改器是本例的制作重点。

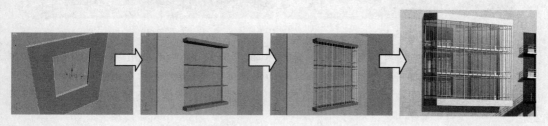

① 创建墙体　　　② 创建隔板　　　③ 创建窗框　　　④ 渲染效果

图 3-44

操作步骤

（1）启动 3ds Max 9.0，在前视图中绘制一个长度和宽度分别为 "24000mm" 和 "20000mm" 的矩形指定窗户所在墙的面积。

（2）复制一个矩形，并将其长度和宽度分别修改为 "12000mm" 和 "10000mm"，如图 3-45 所示。

（3）单击"选择并移动"按钮，按"F12"键，在打开的对话框中设置当前矩形沿 Y 轴

移动 "2500mm"，如图 3-46 所示。

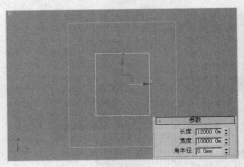

图 3-45　　　　　　　　　　　　　　图 3-46

（4）选择步骤（1）绘制的矩形，使用"编辑样条线"修改器，单击"附加"按钮，单击拾取另一个矩形，如图 3-47 所示。

（5）使用"挤出"修改器，设置数量为"500mm"，得到如图 3-48 所示效果，为楼梯采光窗户创建好墙体。

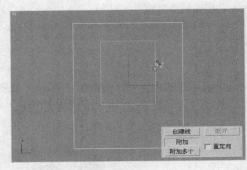　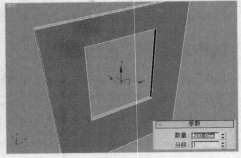

图 3-47　　　　　　　　　　　　　　图 3-48

（6）在前视图中创建一个长度、宽度和高度分别为"600mm"、"10500mm"和"1500mm"的长方体，通过中点捕捉将其移动至墙体内窗洞的顶部，如图 3-49 所示。

（7）继续在顶视图中通过中点捕捉将步骤（6）创建的长方体捕捉移动至如图 3-50 所示位置。

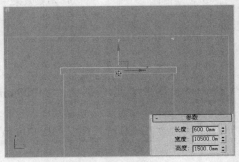　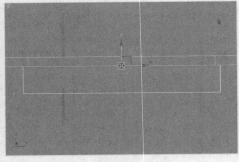

图 3-49　　　　　　　　　　　　　　图 3-50

（8）复制长方体，并在前视图通过中点捕捉将其移动至墙体内窗洞的底部，如图 3-51 所示。

（9）再复制两个长方体，并将其长度和宽度分别更改为"200mm"和"10000mm"，沿 Y 轴移动至如图 3-52 所示位置。

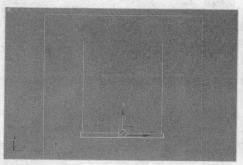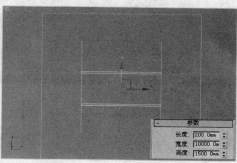

图 3-51　　　　　　　　　　　　　　图 3-52

（10）在顶视图中结合顶点捕捉功能沿已创建的长方体边缘绘制如图 3-53 所示的开放曲线。

（11）对其使用"挤出"修改器，设置数量为"12000mm"，在左视图中结合中点捕捉将其捕捉移动至如图 3-54 所示位置。

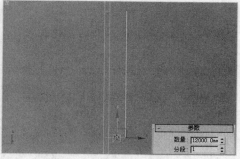

图 3-53　　　　　　　　　　　　　　图 3-54

提示

对二维图形使用"挤出"修改器后，如果不显示开始面或结束面，则会发现物体内部部分面呈黑色显示，这是因为当前场景中的物体接受系统默认的灯光照射，这部分面由于没有受到照射，所以呈黑色显示。

（12）按"Alt+Q"组合键，将挤出后的对象孤立显示，如图 3-55 所示。

（13）使用"编辑多边形"修改器，进入边子对象层级，在左视图中框选如图 3-56 所示的边。

（14）单击"连接"按钮右侧的"设置"按钮，在打开的对话框中设置分段为"2"，然后单击"确定"按钮，如图 3-57 所示。

（15）按照步骤（13）的操作方法，在前视图中框选如图 3-58 所示的边。

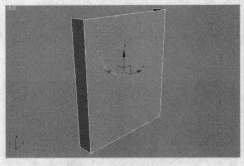

图 3-55

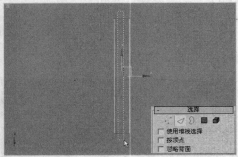

图 3-56

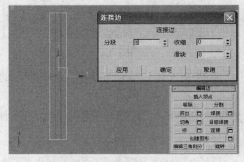

图 3-57

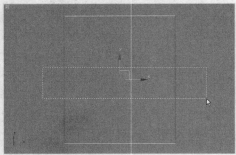

图 3-58

（16）按照步骤（14）的操作方法，为当前选择的边创建 6 条新边，如图 3-59 所示。

（17）退出孤立显示状态，进入顶点子对象层级，在前视图中框选如图 3-60 所示的顶点。

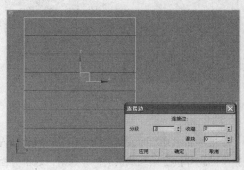

图 3-59

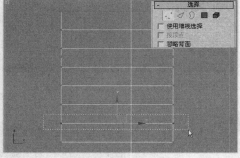

图 3-60

（18）将选择的顶点沿 Y 轴向下移动至如图 3-61 所示位置。

（19）按照步骤（17）和（18）的操作方法，继续分别框选创建的顶点并分别移动至如图 3-62 所示位置。

（20）在前视图中框选如左图所示边，并通过连接的方式为其添加 15 条新边，如图 3-63 右图所示。

（21）使用"晶格"修改器，在"支柱"栏中设置半径为"40mm"，完成楼梯采光窗的制作，如图 3-64 所示。

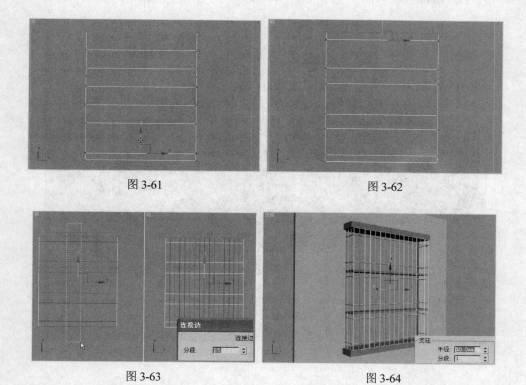

图 3-61　　　　　　　　　　　　　　图 3-62

图 3-63　　　　　　　　　　　　　　图 3-64

（22）将创建好的楼梯采光窗合并到一建筑场景中并为其制作材质，通过渲染后得到真实楼梯采光窗表现效果，最终效果如图 3-43 所示。

3.4　制作双体沙发

实例目标

本例将创建沙发主体、脚支架和坐垫，并在制作过程中使用"倒角"、"编辑样条线"、"挤出"和"FFD4×4×4"修改器完成双体沙发的制作，最后将创建好的双体沙发通过渲染后得到真实双体沙发的效果，最终效果如图 3-65 所示。

素材文件\第 3 章\双体沙发

最终效果\第 3 章\双体沙发\双体沙发.max、双体沙发.tif

制作思路

本例的制作思路如图 3-66 所示，涉及的知识点有"倒角"、"编辑样条线"、"挤出"和"FFD4×4×4"修改器、精确移动顶点等操作，其中精确移动顶点是本例的制作重点。

图 3-65

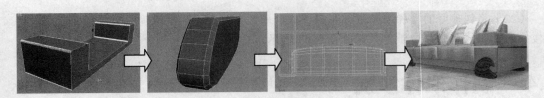

① 创建沙发主体　　② 创建脚支架　　③ 创建坐垫　　④ 渲染效果

图 3-66

 **操作步骤**

（1）启动 3ds Max 9.0，在前视图绘制一个长度、宽度和角半径分别为"500mm"、"2400mm"和"20mm"的矩形。

（2）对矩形使用"编辑样条线"修改器，进如分段子对象层级，并选择如图 3-67 所示的分段。

（3）在"拆分"按钮右侧的数值框中输入"2"，再单击"拆分"按钮，在所选分段上添加两个顶点，如图 3-68 所示。

（4）进入顶点子对象层级，分别选择添加的顶点，在状态栏中单击"绝对模式变换输入"按钮，然后在其后的数值框中输入对应的值，按"Enter"键，将它们分别沿 X 轴移动"–260mm"和"260mm"，如图 3-69 所示。

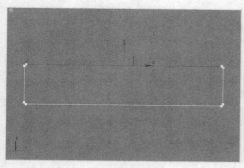

图 3-67　　　　　　　　　　　　　　图 3-68

（5）进入分段子对象层级，选择增加的两个顶点间的分段，并单击"拆分"按钮，快速在当前分段中再添加两个顶点，如图 3-70 所示。

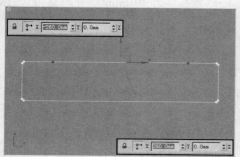
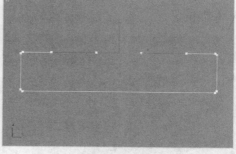

图 3-69　　　　　　　　　　　　　　图 3-70

（6）进入顶点子对象层级，选择新添加的两个顶点，将它们沿 *y* 轴移动 "–380mm"，如图 3-71 所示。

（7）分别选择两个顶点，将它们沿 *x* 轴移动至如图 3-72 所示位置。

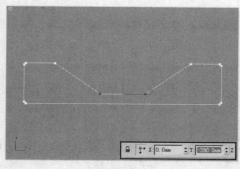

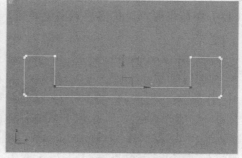

图 3-71　　　　　　　　　　　　　　图 3-72

（8）同时选择增加的 4 个顶点，在"圆角"按钮右侧的数值框中输入 "20mm"，按 "Enter" 键对它们进行圆角处理，如图 3-73 所示。

（9）退出子对象层级，对样条线使用"挤出"修改器，设置挤出数量为 "840mm"，得到沙发底部的初步雏形，如图 3-74 所示。

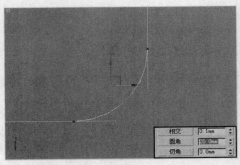

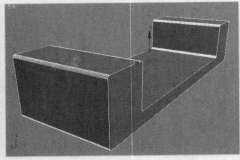

图 3-73　　　　　　　　　　　　　　　图 3-74

（10）继续使用"编辑多边形"修改器，进入多边形子对象层级，选择如图 3-75 所示的多边形。

（11）对当前选择的多边形进行倒角处理，倒角的高度为"10mm"，轮廓量为"–5mm"，如图 3-76 所示。

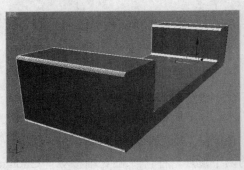

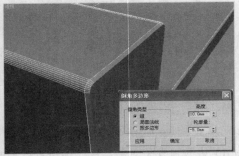

图 3-75　　　　　　　　　　　　　　　图 3-76

（12）选择挤出模型背面的多边形，并重复步骤（11）的操作，对其进行相同的倒角处理，如图 3-77 所示。

（13）在前视图中以挤出后对象为参照，在其底部左侧位置绘制封闭曲线，如图 3-78 所示。

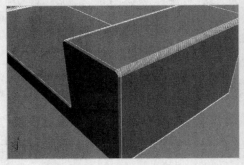

图 3-77　　　　　　　　　　　　　　　图 3-78

（14）对曲线使用"倒角"修改器，倒角各层级的高度分别为"5mm"、"30mm"和"5mm"，

轮廓分别为 "5mm"、"0mm" 和 "−5mm"，如图 3-79 所示。

（15）复制 3 个倒角后的对象，并结合顶视图和左视图，将它们分别调整到沙发底部，以完成沙发腿的创建，如图 3-80 所示。

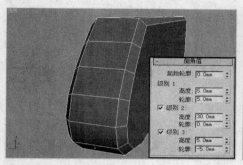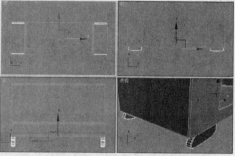

图 3-79　　　　　　　　　　　　　　　图 3-80

（16）在顶视图创建一个长度、宽度、高度和圆角分别为 "140mm"、"1700mm"、"600mm" 和 "20mm" 的切角长方体，如图 3-81 所示。

（17）在顶视图创建一个长度、宽度、高度和圆角分别为 "765mm"、"860mm"、"220mm" 和 "40mm" 的切角长方体，如图 3-82 所示。

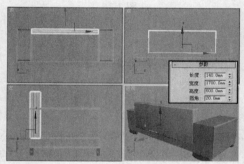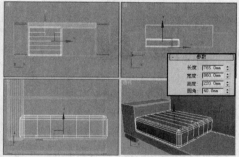

图 3-81　　　　　　　　　　　　　　　图 3-82

（18）使用 "FFD4 × 4 × 4" 修改器，在左视图中框选顶部中间两组控制点，并将其沿 y 轴向上拖动至如图 3-83 所示效果。

（19）在前视图中沿 X 轴拖动复制一个切角长方体，并将其沿 X 轴移动至如图 3-84 所示位置，以创建另一个沙发垫。

（20）将素材文件 "靠垫 1.max" 中的靠垫模型合并到当前场景中，并移动至如图 3-85 所示位置。

（21）将素材文件 "靠垫 2.max" 中的靠垫模型合并到当前场景中，并移动至如图 3-86 所示位置。

（22）将创建好的沙发合并到场景中并为其制作材质，通过渲染后得到真实双体沙发表现效果，最终效果如图 3-65 所示。

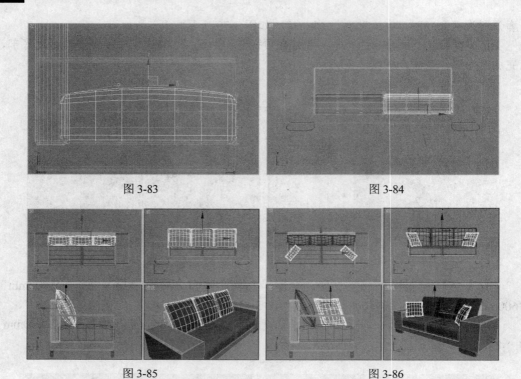

图 3-83   图 3-84

图 3-85   图 3-86

3.5   制作办公椅

实例目标

　　本例将创建椅架、胶垫、坐垫和靠垫，并在制作过程中使用"壳"修改器完成办公椅的制作，最后将创建好的办公椅通过渲染后得到真实办公椅的效果，最终效果如图 3-87 所示。

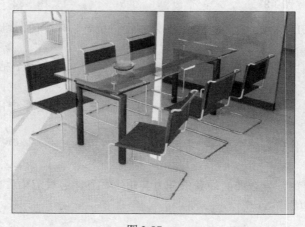

图 3-87

最终效果\第 3 章\办公椅\办公椅.max、办公椅.tif

制作思路

本例的制作思路如图 3-88 所示，涉及的知识点有复制分段、圆角顶点和"壳"修改器等操作，其中复制分段和"壳"修改器是本例的制作重点。

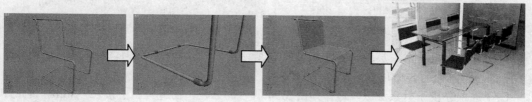

① 创建椅架　　② 创建胶垫　　③ 创建坐垫和靠垫　　④ 渲染效果

图 3-88

操作步骤

（1）启动 3ds Max 9.0，在顶视图中创建一个长度、宽度分别为 "600mm"、"550mm" 的矩形。

（2）对矩形使用"编辑样条线"修改器，选择所有顶点，单击鼠标右键，在弹出的快捷菜单中选择【角点】命令，如图 3-89 所示。

（3）进入分段子对象层级，选择如图 3-90 所示分段，在"选择"卷展栏中选中"连接复制"栏中的"连接"复选框。

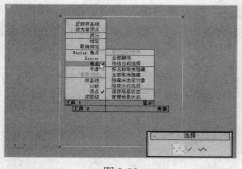

图 3-89　　　　　　　　　　　　　　　　　图 3-90

（4）在状态栏中单击"绝对模式变换输入"按钮，在透视图中按住"Shift"键不放沿 Z 轴向上拖动选择的分段，直至"Z"数值框中显示"450mm"时释放鼠标，如图 3-91 所示。

（5）选择如图 3-92 左图所示分段，按"Delete"键删除选择的分段，如图 3-92 右图所示。

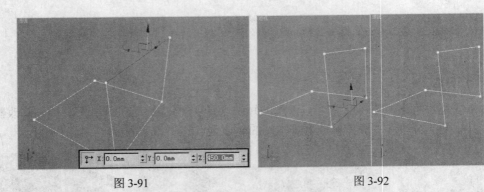

图 3-91   图 3-92

（6）进入顶点子对象层级，框选如图 3-93 所示的顶点，单击"几何体"卷展栏中的"焊接"按钮，将此处的 8 个顶点焊接为 4 个。

（7）进入分段子对象层级，选择如图 3-94 所示的分段，在透视图中按住"Shift"键沿 Y 轴向左拖动，直至"Y"数值框中显示"530mm"时释放鼠标。

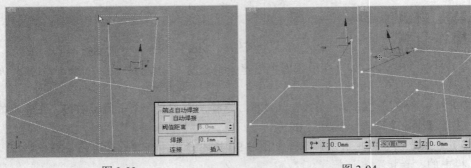

图 3-93   图 3-94

（8）选择如图 3-95 所示的分段，按"Delete"键删除选择的分段。

（9）进入顶点子对象层级，按照步骤（6）的操作方法，框选如图 3-96 所示的顶点，并单击"焊接"按钮，将它们进行焊接。

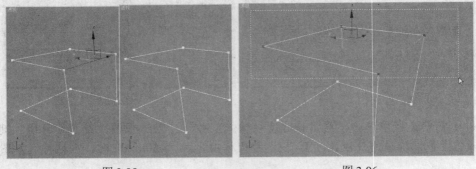

图 3-95   图 3-96

（10）进入分段子对象层级选择如图 3-97 所示的分段，重复步骤（4）的操作，沿 Z 轴复制一条分段。

（11）选择如图 3-98 所示的分段，按 "Delete" 键删除选择的分段。

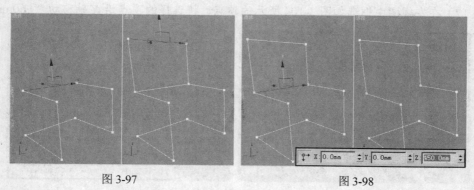

图 3-97　　　　　　　　　　　　　　　图 3-98

（12）进入顶点子对象层级框选如图 3-99 所示的顶点，并单击 "焊接" 按钮，将它们进行焊接。

（13）进入分段子对象层级选择如图 3-100 左图所示的分段，在透视图中按住 "Shift" 键沿 Y 轴向左拖动，直至 "Y" 数值框中显示 "70mm" 时为止。

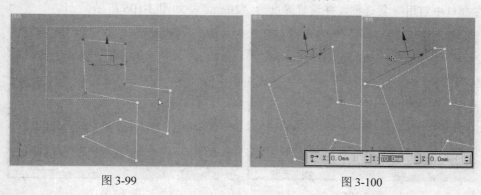

图 3-99　　　　　　　　　　　　　　　图 3-100

（14）选择如图 3-101 所示的分段，按 "Delete" 键删除选择的分段。

（15）进入顶点子对象层级框选如图 3-102 所示的顶点，并单击 "焊接" 按钮，将它们进行焊接。

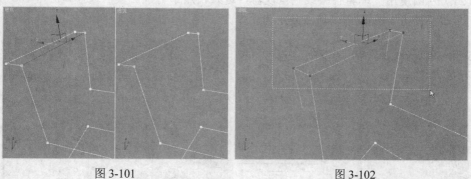

图 3-101　　　　　　　　　　　　　　　图 3-102

（16）选择所有顶点，单击鼠标右键，在弹出的快捷菜单中选择【角点】命令将顶点转换为角点属性，如图 3-103 所示。

（17）在左视图中框选如图 3-104 所示的顶点，将选择的顶点沿 X 轴移动 "-60mm"。

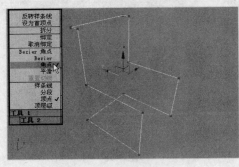

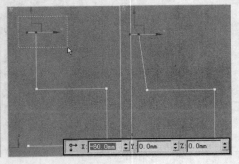

图 3-103   图 3-104

（18）框选曲线上的所有顶点，在"几何体"卷展栏的"圆角"按钮右侧的数值框中输入 "40mm"，以将所有顶点进行圆角处理，如图 3-105 所示。

（19）在修改堆栈中选择"Rectangle"层级，在"渲染"卷展栏中选中"在渲染中启用"和"在视口中启用"复选框，并设置厚度为 "20mm"，如图 3-106 所示。

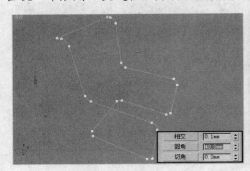

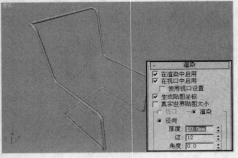

图 3-105   图 3-106

（20）在左视图绘制一个半径为 "14mm" 的圆，并将其移动至椅架的左下角处，将其作为椅架底部的胶垫轮廓，如图 3-107 所示。

（21）对圆使用"编辑样条线"修改器，进入顶点子对象层级，选择如图 3-108 所示的顶点，单击"断开"按钮将该顶点分解为两个。

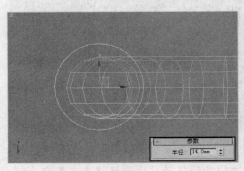

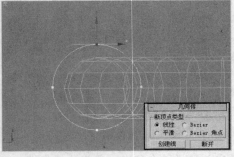

图 3-107   图 3-108

（22）分别向左和向右拖动断开后的顶点，并拖动其调整手柄将曲线编辑为如图 3-109 所示效果。

（23）使用"挤出"修改器，设置数量为"30mm"，在顶视图将其沿 X 轴移动至如图 3-110 所示位置。

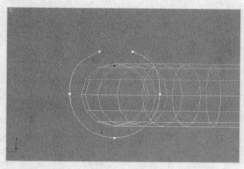

图 3-109

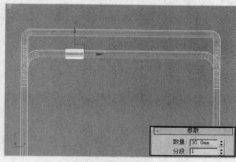

图 3-110

（24）使用"壳"修改器，在"参数"卷展栏中设置内部量为"4mm"，为挤出后的胶垫添加厚度，如图 3-111 所示。

（25）复制 3 个椅架胶垫，在顶视图将它们分别调整到椅架底部的其他 3 个地方，如图 3-112 所示。

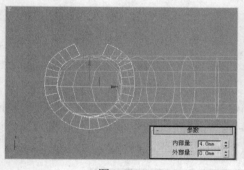

图 3-111

图 3-112

（26）在前视图中绘制封闭曲线，并将其转换为可编辑样条线后编辑为如图 3-113 所示效果，作为办公椅坐垫的轮廓。

（27）对编辑好的样条线使用"挤出"修改器，并设置数量为"450mm"，在左视图将其沿 X 轴移动至如图 3-114 所示位置。

（28）复制一个坐垫，将其挤出数量修改为"400mm"，然后在左视图中将其旋转并移动至如图 3-115 所示位置。

（29）至此，办公椅的模型已制作完成，在透视图中观察效果如图 3-116 所示。

（30）将创建好的沙发合并到一个室内三维场景中并为其制作材质，通过渲染后得到真实办公椅表现效果，最终效果如图 3-87 所示。

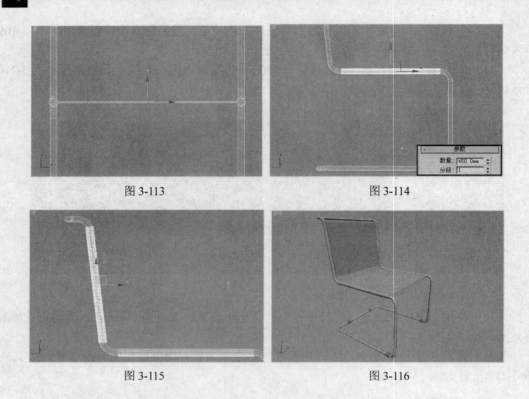

图 3-113　　　　　　　　　　　　　　　图 3-114

图 3-115　　　　　　　　　　　　　　　图 3-116

3.6　制作客厅建筑构件

实例目标

　　本例将首先配合 CAD 天棚图去制作天棚模型，并应用"编辑多边形"命令创建补墙，然后配合 CAD 电视墙图制作电视墙模型，最后合并文件后对合并物体进行位置及比例调整，完成客厅建筑构件的制作，最终效果如图 3-117 所示。

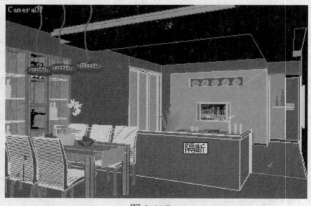

图 3-117

素材文件\第 3 章\客厅建筑构件
最终效果\第 3 章\客厅建筑构件\完整框架.max

制作思路

本例的制作思路如图 3-118 所示，涉及的知识点主要有快速切片、切片平面、精确控制物体位置、绘制曲线、挤出多边形、合并文件、位置调整、比例调整等操作，其中合并文件是本例的制作重点。

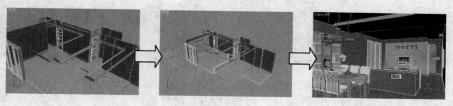

① 创建天棚和补墙　　　② 创建电视墙模型　　　③ 调用外部模型

图 3-118

操作步骤

3.6.1　创建天棚、补墙

（1）打开"框架.max"文件，把顶视图调整到显示天棚 CAD 图的位置，此时天棚 CAD 图是被冻结的。

（2）单击"线"按钮，配合捕捉功能根据 CAD 图客厅和餐厅部分的天棚吊顶绘制封闭的二维曲线，如图 3-119 所示。

（3）使用"挤出"修改器，设置数量为"75mm"，并将其命名为"天棚"，如图 3-120所示。

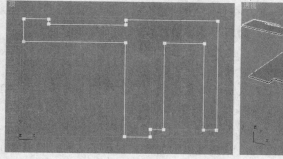

图 3-119

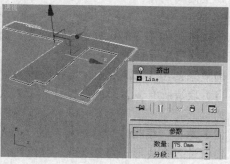

图 3-120

（4）使用"编辑多边形"修改器，进入多边形子对象层级，在顶视图中选择天棚上方的多边形，按"F2"快捷键将面以线框方式显示，如图 3-121 所示。

（5）单击"编辑几何体"卷展栏中的"QuickSlice"按钮，在顶视图中根据 CAD 图进行横向切片处理，如图 3-122 所示。

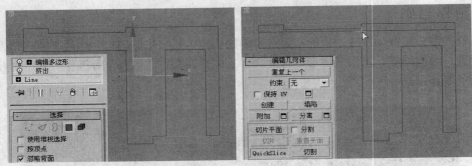

图 3-121　　　　　　　　　　　　　　　　　图 3-122

（6）单击鼠标右键取消快速切片，按住"Alt"键框选切片后的下方多边形，取消下半部分的选择，单击"QuickSlice"按钮，在如图 3-123 所示位置快速切片。

（7）单击鼠标右键取消快速切片功能，在顶视图中选择下方的多边形，如图 3-124 所示。

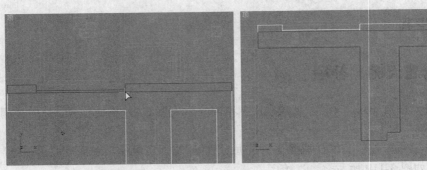

图 3-123　　　　　　　　　　　　　　　　　图 3-124

（8）单击"快速切片"按钮，在顶视图中根据二维图形进行如图 3-125 所示的横向切片，完成灯带空间的制作。

（9）单击鼠标右键取消快速切片功能，按住"Alt"键不放，框选取消切片后上方的多边形，再次进行如图 3-126 所示快速切片，制作出客厅沙发正上方的灯带空间。

（10）继续用同样的方法进行快速切片，将餐厅正上方的灯带空间根据 CAD 图做出来，完成后的效果如图 3-127 所示。

（11）取消所有多边形的选择状态，进入边子对象层级，在顶视图中选择如图 3-128 所示多余的边。

（12）单击"编辑边"卷展栏中的"移除"按钮，将这些边移除，如图 3-129 所示。

（13）进入多边形子对象层级，按"F2"快捷键以面的方式显示多边形，选择中间最大的多边形表面，如图 3-130 所示。

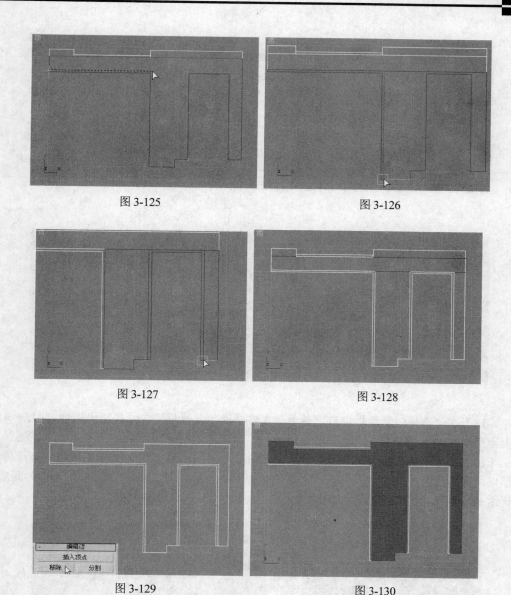

图 3-125   图 3-126

图 3-127   图 3-128

图 3-129   图 3-130

（14）单击"挤出"按钮右侧的"设置"按钮，打开"挤出多边形"对话框，设置挤出高度为"75mm"，打开"材质编辑器"对话框，为其指定一个名为"乳胶漆-天棚"的样本球，如图 3-131 所示。

（15）按"Delete"键删除当前选择的多边形，完成天棚主体模型，在顶视图中将其调整到客厅餐厅的正上方，如图 3-132 所示。

（16）选择主墙体模型，进入其多边形子对象层级，选择如图 3-133 所示所有要制作踢脚线模型的对应多边形。

（17）单击"编辑几何体"卷展栏中的"切片平面"按钮，在状态栏中将切片平面的高度设置为"100mm"，单击"切片"按钮切出新的边，如图 3-134 所示。

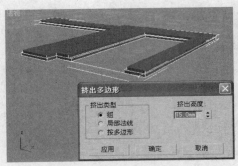

图 3-131

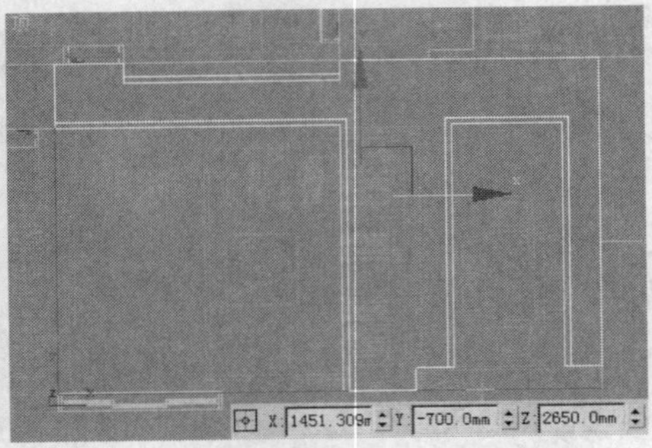

图 3-132

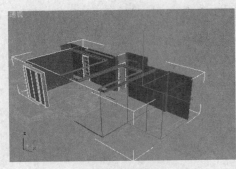

图 3-133

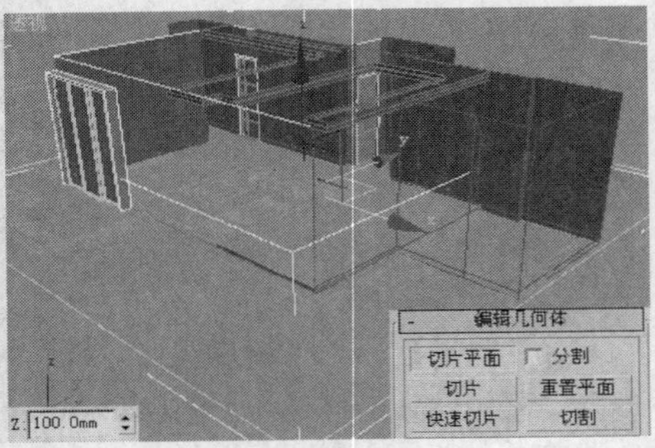

图 3-134

（18）在"选择"卷展栏中取消选中"忽略背面"复选框，在左视图中按住"Alt"键取消上面所有多边形的选择，如图 3-135 所示。

（19）单击"编辑几何体"卷展栏中的"分离"按钮，在打开的对话框中将分离后的多边形以"踢脚线"进行命名，打开"材质编辑器"对话框，为其指定一个名为"木纹-踢脚"的样本球，如图 3-136 所示。

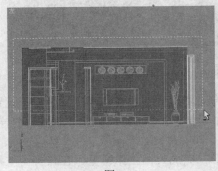

图 3-135

图 3-136

（20）用同样的方法将"彩色墙"的踢脚线模型制作出来，并且为其指定一个名为"木纹-踢脚"的样本球。

（21）在"创建"面板中单击"长方体"按钮，在左视图创建一个长度、宽度和高度分别为"500mm"、"900mm"和"120mm"的矩形，如图 3-137 所示，将其以"走廊补墙"进行命名，调整到客厅走廊的位置，为其指定"乳胶漆-彩墙"样本球。

（22）再创建一个长方体，其长度、宽度和高度分别为"400mm"、"1120mm"和"50mm"，如图 3-138 所示，以"走廊补墙 1"进行命名，调整到客卧上面的位置，为其指定"乳胶漆-彩墙"样本球，完成天棚和补墙的制作。

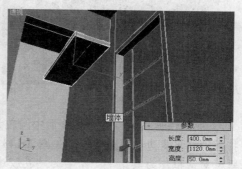

图 3-137　　　　　　　　　　　　　　　　　　图 3-138

3.6.2　创建电视墙模型

（1）打开"天棚.max"，激活左视图，利用平移和缩放功能将电视墙的 CAD 图最大化显示。

（2）在左视图中绘制一个长度和宽度分别为"2350mm"和"3220mm"的矩形，如图 3-139 所示，将其命名为"电视墙"，结合捕捉功能将其调整到 CAD 图对应的位置。

（3）在"创建"面板中取消"开始新图形"复选框，捕捉 CAD 图创建如图 3-140 所示的矩形。

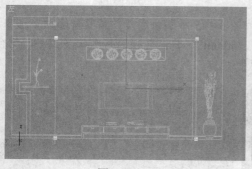
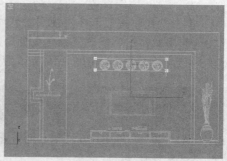

图 3-139　　　　　　　　　　　　　　　　　　图 3-140

（4）使用"挤出"修改器设置数量为"50mm"。

（5）将模型转换为可编辑多边形，进入多边形子对象层级，选择背面如图 3-141 所示多边形。

（6）单击"快速切片"按钮，在左视图中取消选择切片后上方的多边形，重新对下方多边形进行如图 3-142 所示的竖向快速切片，根据 CAD 图中灯带的线条位置横向切出一条边。

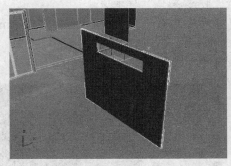
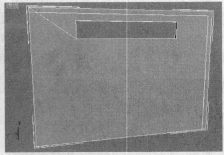

图 3-141   图 3-142

（7）取消快速切片，选择切片后中间较大的多边形，单击"挤出"按钮右边的"设置"按钮打开"挤出多边形"对话框，如图 3-143 所示，设置挤出高度为"50mm"，打开"材质编辑器"对话框，为其指定一个名为"乳胶漆-淡灰"的样本球。

（8）结合捕捉功能将该物体移动到"彩色墙"的对应位置，如图 3-144 所示。

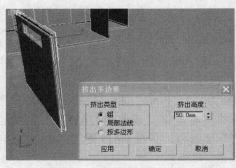
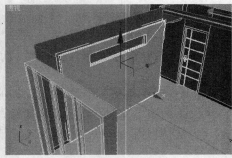

图 3-143   图 3-144

（9）单击"线"按钮，在左视图绘制如图 3-145 所示曲线，并将其命名为"形象墙"。

（10）使用"挤出"修改器设置数量为"50mm"，将其转换为可编辑多边形，结合捕捉功能对其进行切片，得到如图 3-146 所示的新边。

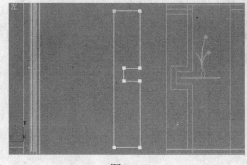
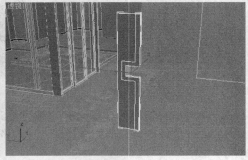

图 3-145   图 3-146

（11）进入多边形子对象层级，选择如图 3-147 所示的多边形，单击"挤出"按钮右侧的"设置"按钮打开"挤出多边形"对话框，设置挤出高度为"50mm"。

（12）按"Delete"键将不需要的多边形删除，将其调整到适当的位置，如图 3-148 所示。

 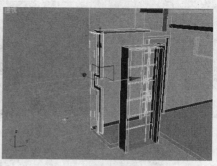

图 3-147　　　　　　　　　　　　　　　　　　图 3-148

（13）选择"餐地"，按"Alt+Q"组合键将该物体孤立显示，单击"线"按钮，绘制如图 3-149 所示的曲线。

（14）单击"退出孤立模式"按钮，按"1"键进入顶点子对象层级，选择上面的两个顶点，在"选择并移动"按钮上单击鼠标右键打开"移动变换输入"对话框，将其沿 Y 轴向上移动"100mm"，如图 3-150 所示。

 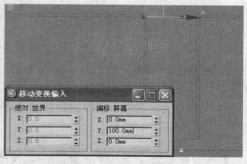

图 3-149　　　　　　　　　　　　　　　　　　图 3-150

（15）选择右边的两个顶点，将其沿 X 轴向右移动"100mm"。

（16）选择左边的顶点，将其沿 X 轴向右移动"25mm"，选择下边的顶点，将其沿 X 轴向上移动"25mm"。

（17）选择"餐地"和刚刚创建的曲线，按"Alt+Q"组合键进行孤立显示，在几何体"创建"面板中设置创建类别为 AEC 扩展，单击"栏杆"按钮，如图 3-151 所示。

（18）在左视图的任意位置创建一个任意参数的栏杆物体，将其命名为"隔断"，选择步骤（17）绘制的曲线，在状态栏中将其高度调整为"100mm"，如图 3-152 所示。

（19）进入"修改"面板，单击"拾取栏杆路径"按钮，在顶视图中单击拾取步骤（18）绘制的曲线，如图 3-153 所示。

（20）分别在"栏杆"、"立柱"和"栅栏"卷展栏中设置栏杆模型的参数如图 3-154 所示。

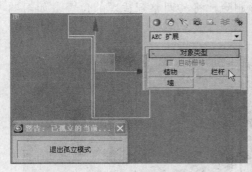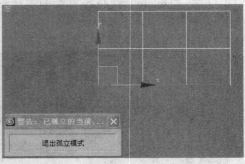

图 3-151　　　　　　　　　　　　　图 3-152

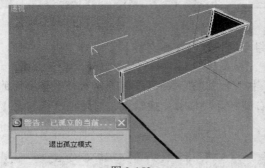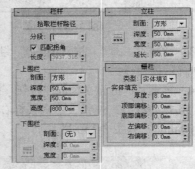

图 3-153　　　　　　　　　　　　　图 3-154

（21）单击"长方体"按钮，在左视图中创建一个长度、宽度和高度分别为"25mm"、"600mm"和"200mm"的矩形，如图 3-155 所示，将其以"形象墙隔板"进行命名，调整该模型到"形象墙"的中间位置，为其指定名为"玻璃"的样本球。

（22）单击鼠标右键，在弹出的快捷菜单中选择【全部取消隐藏】命令完成电视墙模型的制作，效果如图 3-156 所示。

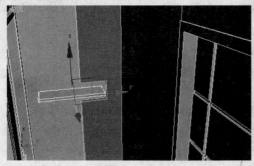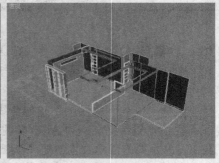

图 3-155　　　　　　　　　　　　　图 3-156

3.6.3　调用外部模型

（1）打开"电视墙.max"文件，为"隔断"指定名为"玻璃木纹"的材质球。选择【文件】/【合并】命令，打开"合并文件"对话框，选择"电视柜"文件，单击"打开"按钮，如图 3-157 所示。

（2）单击"确定"按钮打开"合并-电视柜.max"对话框，在列表中选择"电视柜"选项，单击"确定"按钮，如图 3-158 所示。

图 3-157　　　　　　　　　　　　　　　　图 3-158

（3）此时电视柜模型被合并到场景中。

（4）在顶视图中将电视柜模型的 X 轴位置的最小与电视墙模型的最大对齐，如图 3-159 所示。

（5）在前视图中移动其位置，使其底部与地面进行对齐，如图 3-160 所示。

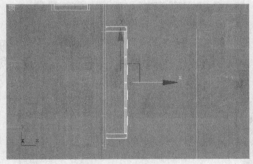
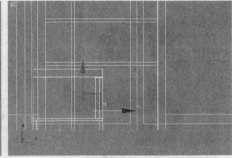

图 3-159　　　　　　　　　　　　　　　　图 3-160

（6）激活透视图，可以看到该模型的比例与位置正确且材质已经完成，如图 3-161 所示。

（7）选择【文件】/【合并】命令，在打开的"合并文件"对话框中选择"电视.max"文件，单击"打开"按钮打开"合并-电视.max"对话框，选择列表中的选项，单击"确定"按钮，如图 3-162 所示。

（8）结合顶视图和前视图将其调整到电视柜的上方如图 3-163 所示位置。

（9）选择【文件】/【合并】命令，在打开的"合并文件"对话框中选择"电视柜装饰品.max"文件，单击"打开"按钮打开"合并-电视柜装饰品.max"对话框，选择列表中的选项，单击"确定"按钮，如图 3-164 所示。

（10）结合顶视图和前视图将其调整到如图 3-165 所示电视柜前方，这些物体已经被指定了材质。

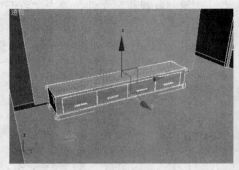

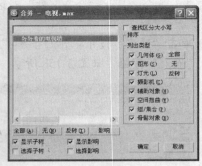

图 3-161   图 3-162

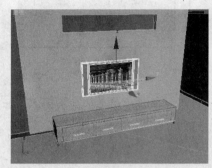

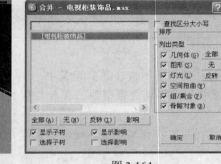

图 3-163   图 3-164

（11）选择【文件】/【合并】命令，在打开的"合并文件"对话框中选择"VCD.max"
文件，单击"打开"按钮打开"合并-VCD.max"对话框，选择列表中的选项，单击"确定"
按钮，如图 3-166 所示。

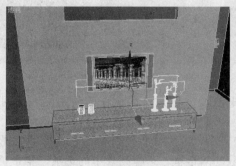

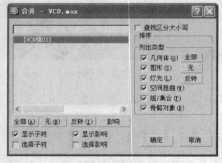

图 3-165   图 3-166

（12）结合顶视图和前视图将其调整到如图 3-167 所示电视柜的前方，这些物体已经被
指定了材质。

（13）选择【文件】/【合并】命令，在打开的"合并文件"对话框中选择"VCD.max"
文件，单击"打开"按钮打开"合并-装饰盘.max"对话框，选择列表中的选项，单击"确定"
按钮，如图 3-168 所示。

（14）将其调整到如图 3-169 所示位置。

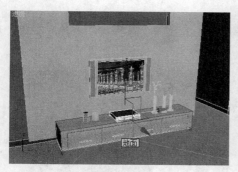

图 3-167

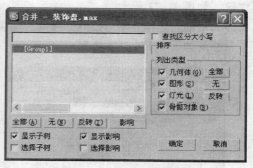

图 3-168

（15）选择【文件】/【合并】命令，在打开的"合并文件"对话框中选择"沙发.max"文件，单击"打开"按钮打开"合并-沙发.max"对话框，选择列表中的选项，单击"确定"按钮，如图 3-170 所示。

图 3-169

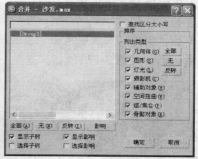

图 3-170

（16）打开"重复材质名称"对话框，选中"应用于所有重复情况"复选框，单击"自动重命名合并材质"按钮，如图 3-171 所示。

（17）合并完成后结合顶视图和前视图将沙发模型调整到对应 CAD 图的位置，如图 3-172 所示。

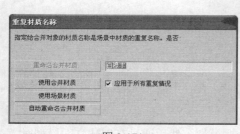

图 3-171

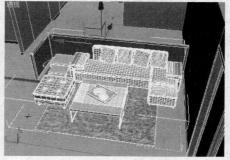

图 3-172

（18）选择【文件】/【合并】命令，在打开的"合并文件"对话框中选择"装饰品.max"文件，单击"打开"按钮打开"合并-装饰品.max"对话框，选择列表中的所有选项，单击"确定"按钮，如图 3-173 所示。

（19）单击"选择并均匀缩放"按钮将模型调整到合适大小，单击"选择并移动"按钮将模型调整到如图 3-174 所示位置。

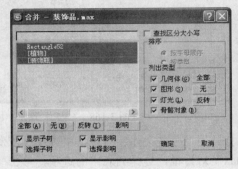

图 3-173   图 3-174

（20）用同样的方法将挂画、餐厅吊灯、餐桌和酒柜模型合并到场景中并分别调整其位置，如图 3-175 所示。

（21）在"创建"面板中单击"摄像机"按钮，再单击"目标"按钮，在顶视图中拖动创建一个摄影机，如图 3-176 所示。

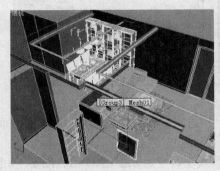
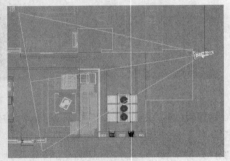

图 3-175   图 3-176

（22）激活透视图，分别单击视图工具区中的按钮把透视图调整到适当的角度，选择步骤（21）创建的摄影机，按"Ctrl+C"组合键进行匹配，按"C"键将视图转换为摄影机视图，完成本例的制作，最终效果如图 3-117 所示。

3.7　制作卧室建筑构件

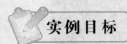
实例目标

本例将首先根据 CAD 天棚图创建卧室天棚模型，然后通过在创建立面模型时复杂二维曲线的绘制创建衣柜模型，最后合并文件后对合并物体进行位置及比例调整，完成卧室建筑构件的制作，最终效果如图 3-177 所示。

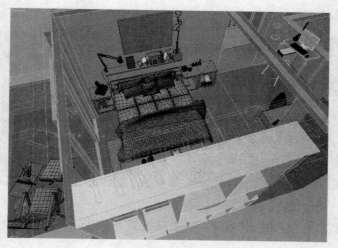

图 3-177

素材文件\第 3 章\卧室建筑构件
最终效果\第 3 章\卧室建筑构件\完整框架.max

制作思路

本例的制作思路如图 3-178 所示，涉及的知识点主要有快速切片、导入 CAD 图、绘制二维曲线、"挤出"修改器、合并文件、位置调整、比例调整等操作，其中合并文件是本例的制作重点。

① 创建天棚模型   ② 创建衣柜模型   ③ 调用外部模型

图 3-178

操作步骤

3.7.1 创建天棚

（1）打开"主题.max"文件，选择【文件】/【导入】命令，在打开的"选择要导入的文件"对话框中选择名为"天棚.dwg"的文件，保持默认参数将其导入到场景中，再将其调整到固定平面 CAD 图右边位置，如图 3-179 所示。

（2）单击"捕捉开关"按钮开启捕捉，根据 CAD 图卧室部分的天棚吊顶绘制一条封闭的二维曲线，如图 3-180 所示。

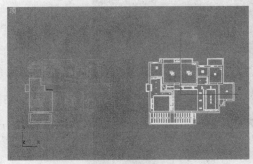
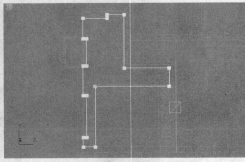

图 3-179   图 3-180

（3）对曲线使用"挤出"修改器，将数量设置为"75mm"，将其命名为"天棚"，如图 3-181 所示。

（4）将天棚转换为可编辑多边形，进入多边形子对象层级，选择上面的多边形，激活顶视图，按"F2"快捷键将面以线框显示，如图 3-182 所示。

图 3-181   图 3-182

（5）单击"快速切片"按钮，在入口门的天棚灯带所在的位置从左向右拖动鼠标进行快速切片，如图 3-183 所示。

（6）再根据 CAD 天棚图上灯带处的线条进行 6 次快速切片，如图 3-184 所示。

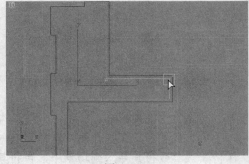
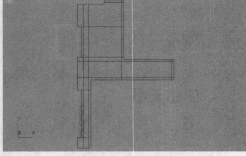

图 3-183   图 3-184

（7）进入边子对象层级，在顶视图中选择不需要的边，单击"编辑边"卷展栏中的"移除"按钮,将这些多余的边移除,如图 3-185 所示。

（8）单击"进入顶点子对象层级"按钮,选择多余的顶点,单击"移除"按钮将其移除,如图 3-186 所示。

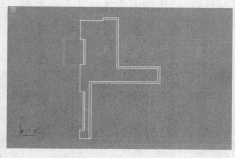
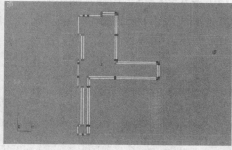

图 3-185　　　　　　　　　　　　　　　　　　图 3-186

（9）进入多边形子对象层级,在透视图中选择中间的大多边形,如图 3-187 所示。

（10）单击"挤出"按钮右边的"设置"按钮,将挤出高度设置为"75mm",单击"确定"按钮,将挤出后的多边形删除,如图 3-188 所示。

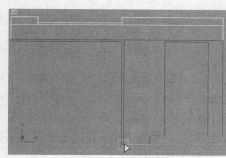
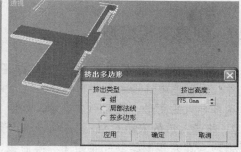

图 3-187　　　　　　　　　　　　　　　　　　图 3-188

（11）退出子对象层级,单击"选择并移动"按钮,将天棚模型移动到卧室主体的顶部,如图 3-189 所示。

（12）在顶视图天棚的位置绘制一个半径为"60mm"的圆,将其命名为"筒灯",如图 3-190 所示。

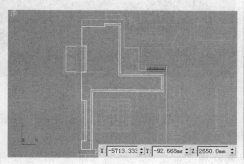

图 3-189　　　　　　　　　　　　　　　　　　图 3-190

（13）将其转换为可编辑多边形，单击"镜像"按钮，将其沿 Z 轴镜像一次，进入多边形子对象层级，选择惟一的一个多边形，单击"插入"按钮右边的"设置"按钮，插入多边形，设置插入量为"10mm"，如图 3-191 所示。

（14）多次进行挤出和插入操作制作筒灯的形状，将中间的多变形 ID 设置为"1"，反选后将其他多边形 ID 设置为"2"，完成一个筒灯模型后将其复制 7 盏，放在天棚的下方，如图 3-192 所示，完成天棚的创建。

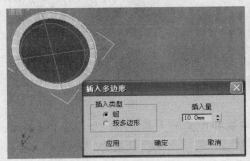
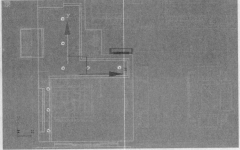

图 3-191　　　　　　　　　　　　　　　　图 3-192

3.7.2　创建衣柜模型

（1）打开"卧室天棚.max"文件，选择【文件】/【导入】命令，在打开的"选择要导入的文件"对话框中选择名为"衣柜.dwg"的文件，保持默认参数将其导入到场景中，在左视图中选择导入的图形，将其孤立显示，如图 3-193 所示。

（2）将导入后的衣柜 CAD 图冻结，退出孤立模式，将视口背景颜色设置为纯黑色，使对比更强烈，在左视图绘制一条封闭二维曲线，如图 3-194 所示。

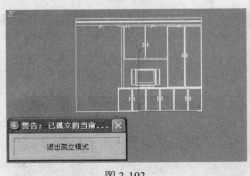
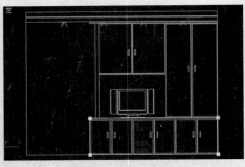

图 3-193　　　　　　　　　　　　　　　　图 3-194

（3）按"1"键进入顶点子对象层级，单击"几何体"卷展栏中的"创建线"按钮，在左视图中根据 CAD 图在衣柜的底部柜门上绘制几个小的矩形，如图 3-195 所示。

（4）在左视图继续单击"创建线"按钮绘制衣柜上面主柜区域的二维曲线，在绘制时应该根据 CAD 图来完成，且不能与下面的曲线完全重复，如图 3-196 所示。

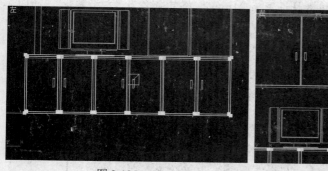

图 3-195 图 3-196

（5）用与步骤（4）相同的方法在左视图中根据 CAD 图绘制如图 3-197 所示的二维曲线。

（6）按"3"键进入样条线对象层级，单击"修剪"按钮对多余的样条线进行修剪，按"1"键进入顶点子对象层级，按"Ctrl+A"组合键全选，单击"焊接"按钮焊接顶点，如图 3-198 所示。

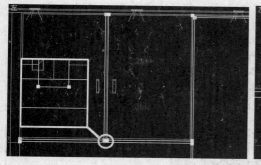

图 3-197

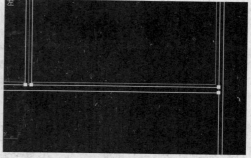

图 3-198

（7）用同样的方法绘制衣柜上方的曲线和左侧挡板的二维曲线，并保证这两条曲线各自为封闭的，此时完成衣柜模型的主体的二维曲线，如图 3-199 所示。

（8）对曲线使用"挤出"修改器将数量设置为"400mm"，如图 3-200 所示。

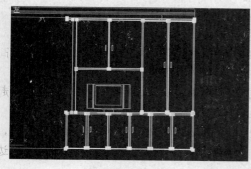

图 3-199

图 3-200

（9）将创建的模型命名为"衣柜主体"，在"创建"面板中单击"线"按钮，在左视图中根据衣柜外边缘绘制一条封闭的二维曲线，如图 3-201 所示。

（10）使用"挤出"修改器，将数量设置为"1mm"，将其命名为"衣柜靠背"，如图3-202所示。

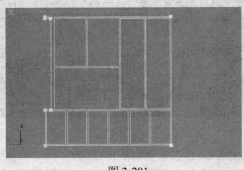

图3-201　　　　　　　　　　　　　　　　图3-202

（11）在左视图中根据底柜门的内框创建矩形，如图3-203所示。

（12）将其转换为可编辑多边形，进入多边形子对象层级，选择多边形，单击"插入"按钮右边的"设置"按钮，打开"插入多边形"对话框，将插入量设置为"40mm"，单击"应用"按钮在大表面中间插入一个新的多边形，如图3-204所示。

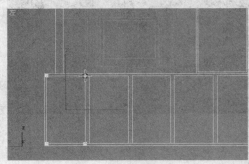
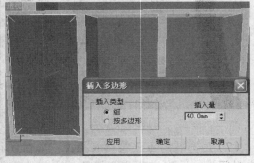

图3-203　　　　　　　　　　　　　　　　图3-204

（13）重新将插入量设置为"10mm"，单击"确定"按钮，这样就连续插入了两个多边形，选择如图3-205所示的4个小多边形。

（14）单击"挤出"按钮右边的"设置"按钮，将选择的4个多边形挤出"5mm"，选择中间最大的多边形，单击"倒角"按钮右边的"设置"按钮，在打开的对话框中设置高度和轮廓量为"5mm"和"−20mm"，单击"确定"按钮，如图3-206所示。

（15）激活透视图，按"F9"快捷键进行渲染，观察其效果，可以看到门的模型看起来较为真实，如图3-207所示。

（16）进入顶视图，退出子对象层级，将模型 X 轴方向上的位置调整到"−410mm"，进入边界子对象层级，选择该模型的边界，按住"Shift"键将边界拖动复制到柜子对应的边界处，如图3-208所示。

（17）退出子对象层级，在左视图中将柜门沿 X 轴向右复制5个，并分别将它们调整到各个柜门对应的位置，如图3-209所示。

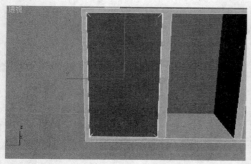

图 3-205

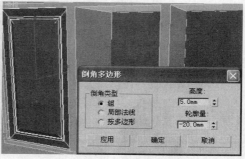

图 3-206

图 3-207

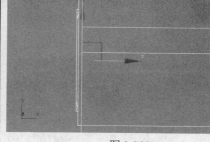

图 3-208

（18）复制一个底柜门到上方柜门处，使其与衣柜左上角柜门的左上角位置对齐，如图 3-210 所示。

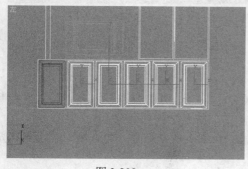

图 3-209

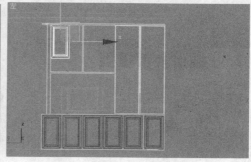

图 3-210

（19）进入顶点子对象层级，结合捕捉功能将没有对齐到边角的 3 个部分的顶点移动到对应衣柜上部门边角的位置，移动时应该每个部分整体移动，如图 3-211 所示。

（20）将这个柜门在左视图沿 X 轴向右复制一个到另一个柜门的位置。选择"衣柜主体"模型，单击"附加"按钮将衣柜靠背与所有柜门都附加到一起，如图 3-212 所示。

（21）用步骤（11）～（14）的方法制作最大的柜门模型，完成后将两个柜门附加在一起，如图 3-213 所示，将制作的模型命名为"柜门"，为其指定一个名为"磨沙玻璃"的样本球。

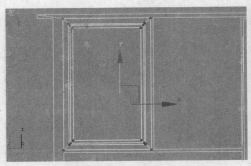

图 3-211

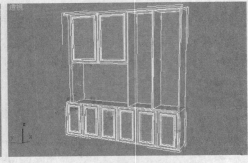

图 3-212

（22）在左视图中绘制柜门拉手形状的封闭曲线，对其使用"倒角"修改器制作出拉手模型，分别复制拉手到柜门的位置，将任意一个拉手命名为"柜门拉手"，将其他拉手附加到一起，最后把本例制作的所有模型移动到卧室主体模型中，调整到平面图衣柜所在的位置上，如图 3-214 所示。

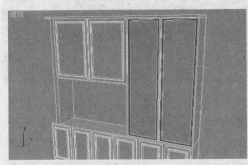

图 3-213

图 3-214

3.7.3　调用外部模型

（1）打开"衣柜完成.max"文件，选择【文件】/【合并】命令，打开"合并文件"对话框，选择名为"塑钢门把手.max"的文件，单击"打开"按钮。

（2）打开"合并-塑钢门把手.max"对话框，在列表中选择唯一的选项，单击"确定"按钮。

（3）此时塑钢门把手模型将被合并到场景中，但其位置不正确，在透视图中将其重命名为"塑钢门把手"。

（4）分别在顶视图和前视图中移动模型，将其移动到塑钢门的中间位置，如图 3-215 所示。

（5）在"选择并均匀缩放"按钮上单击鼠标右键，打开"缩放变换输入"对话框，在右边的数值框中输入"70%"，按"Enter"键后关闭对话框，如图 3-216 所示。

（6）重新在顶视图中结合捕捉功能将其在 Y 轴上进行调整，使其与门对齐，如图 3-217 所示。

图 3-215

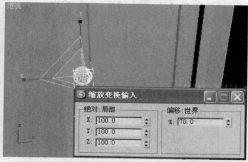

图 3-216

（7）选择【文件】/【合并】命令，在打开的"合并文件"对话框中选择名为"入口门把手.max"的文件，单击"打开"按钮后打开"合并-入口门把手.max"对话框，选择列表中的选项，单击"确定"按钮，如图 3-218 所示。

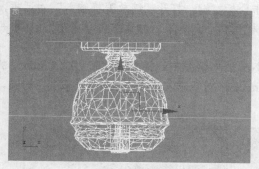

图 3-217

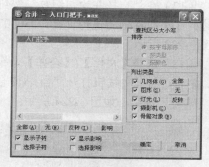

图 3-218

（8）在打开的"重复材质名称"对话框中选中"应用于所有重复情况"复选框，单击"使用合并材质"按钮，如图 3-219 所示。

（9）结合捕捉功能将门拉手模型移动到合适的位置，将模型重命名为"入门拉手"，如图 3-220 所示。

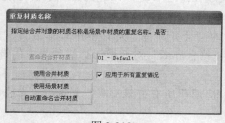

图 3-219

图 3-220

（10）打开"材质编辑器"对话框，选择一个空白样本球，单击"从对象拾取材质"按钮，将样本球名称改为"不锈钢金属"，如图 3-221 所示。

（11）选择【文件】/【合并】命令，在打开的"合并文件"对话框中选择名为"电视.max"的文件，单击"打开"按钮后打开"合并-电视.max"对话框，选择列表中的选项，单击"确定"按钮，如图 3-222 所示。

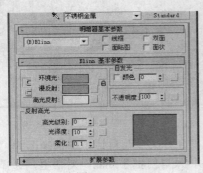

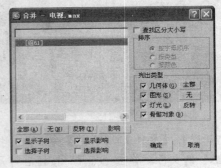

图 3-221   图 3-222

（12）在"选择并均匀缩放"按钮上单击鼠标右键，打开"缩放变换输入"对话框，将左边的 3 个坐标轴的值均设置为"3000"，再将模型移动到适当的位置并重命名为"液晶电视"，如图 3-223 所示。

（13）选择【文件】/【合并】命令，在打开的对话框中选择名为"阳台躺椅.max"的文件，单击"打开"按钮打开"合并-阳台躺椅.max"对话框，选择列表中的"[椅]"选项，单击"确定"按钮，如图 3-224 所示。

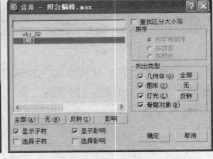

图 3-223   图 3-224

（14）在顶视图和前视图调整模型位置，将其放在阳台右边，在透视图观察模型效果，如图 3-225 所示。

（15）选择【文件】/【合并】命令，在打开的"合并文件"对话框中选择名为"梳妆台.max"的文件，单击"打开"按钮打开"合并-梳妆台.max"对话框，选择列表中的选项，单击"确定"按钮，如图 3-226 所示。

（16）打开"重复材质名称"对话框，选中"应用于所有重复情况"复选框，单击"使用场景材质"按钮。

（17）将合并后的梳妆台模型移动到门口转角的位置，对应 CAD 平面图上的标注，打开"材质编辑器"对话框，选择一个空白的样本球，单击"从对象拾取材质"按钮，在透视图中单击拾取梳妆椅子上的材质并将该样本球命名为"红布"，如图 3-227 所示。

图 3-225

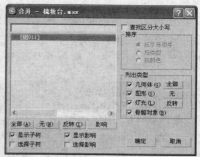
图 3-226

（18）选择【文件】/【合并】命令，在打开的"合并文件"对话框中选择名为"书桌.max"的文件，单击"打开"按钮打开"合并-书桌.max"对话框，选择列表中的选项，单击"确定"按钮，如图 3-228 所示。

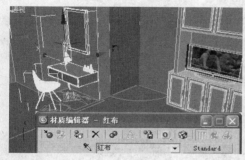
图 3-227   图 3-228

（19）移动合并后的书桌模型至如图所示位置，按"Ctrl+A"组合键全选模型，单击鼠标右键，在弹出的快捷菜单中选择【隐藏未选定对象】命令隐藏 CAD 图，如图 3-229 所示。

（20）选择【文件】/【合并】命令，在打开的"合并文件"对话框中选择名为"电脑桌椅-齐.max"的文件，单击"打开"按钮打开"合并-电脑桌椅-齐.max"对话框，选择列表中的选项，单击"确定"按钮，如图 3-230 所示。

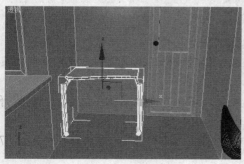
图 3-229   图 3-230

（21）打开"重复材质名称"对话框，选中"应用于所有重复情况"复选框，单击"使用场景材质"按钮。

（22）分别选择并调整合并到场景中的模型的位置，得到如图 3-231 所示效果。

（23）选择"主墙"物体，单击鼠标右键，在弹出的快捷菜单中选择【隐藏未选定对象】命令，进入其多边形子对象层级，将飘窗所在墙的多边形选中，如图 3-232 所示。

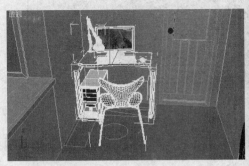 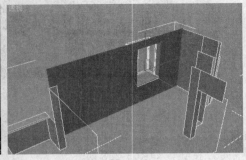

图 3-231　　　　　　　　　　　　　　　　图 3-232

（24）单击"分离"按钮，打开"分离"对话框，将选择的多边形以"暖色墙"为名进行分离，退出子对象层级，为其指定一个名为"暖色乳胶漆"的样本球并为该样本球设置一种颜色。

（25）选择【文件】/【合并】命令，在打开的"合并文件"对话框中选择名为"床.max"的文件，单击"打开"按钮后打开"合并-床.max"对话框，选择列表中的选项，单击"确定"按钮，如图 3-233 所示。

（26）将合并后的模型绕 Z 轴旋转 90°，然后将其移动到如图 3-234 所示位置。

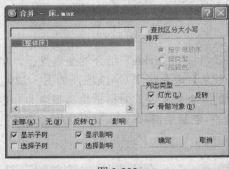 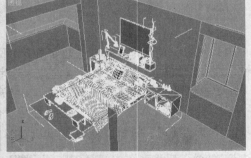

图 3-233　　　　　　　　　　　　　　　　图 3-234

（27）显示除 CAD 图外的所有模型，选择"主墙"模型，单击鼠标右键，在弹出的快捷菜单中选择【对象属性】命令，打开"对象属性"对话框，取消选中"背面消隐"复选框以双面显示主墙，如图 3-235 所示。

（28）创建一个摄影机，其角度是从卧室主体向阳台方向观察，将该摄影机的视野设置为"70°"，如图 3-236 所示。

（29）创建第 2 个摄影机使其从阳台的方向往卧室主体方向观察，将其视野设置为"75°"，如图 3-237 所示。

（30）创建第 3 个摄影机，使其从梳妆台向书桌方向观察，要求能观察到飘窗效果，设置其视野为"65°"，如图 3-238 所示，完成本例的制作。

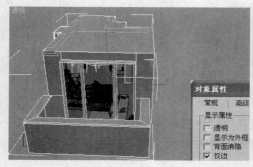

图 3-235

图 3-236

图 3-237

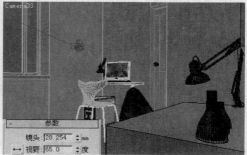

图 3-238

3.8 课后练习

根据本章所学内容，动手完成以下实例的制作。

练习 1 制作花钵

运用绘制曲线、顶点圆角、"FFD3×3×3"修改器等操作创建花钵，然后将其合并到一个场景中，并为其制作材质，通过渲染后完成如图 3-239 所示的花钵的制作。

图 3-239

素材文件\第 3 章\课后练习\练习 1
最终效果\第 3 章\课后练习\练习 1\花钵.max、花钵.tif

练习 2　制作景观廊柱

运用创建管状体、布尔运算、"挤出"修改器等操作创建景观廊柱，然后将其合并到一个场景中，并为其制作材质，通过渲染后完成如图 3-240 所示景观廊柱的制作。

最终效果\第 3 章\课后练习\练习 2\景观廊柱.max、景观廊柱.tif

图 3-240

练习 3　制作入口钢架

运用挤出多边形、捕捉移动顶点、阵列复制对象、旋转操作等操作创建入口钢架，然后将其合并到一个场景中，并为其制作材质，通过渲染后完成如图 3-241 所示入口钢架的制作。

 最终效果\第 3 章\课后练习\练习 3\入口钢架.max、入口钢架.tif

图 3-241

练习 4　制作雨蓬

运用曲线添加轮廓、精确移动顶点、"挤出"修改器等操作创建雨蓬，然后将其合并到一个场景中，并为其制作材质，通过渲染后完成如图 3-242 所示雨蓬的制作。

 最终效果\第 3 章\课后练习\练习 4\雨蓬.max、雨蓬.tif

图 3-242

练习 5　制作花架

运用导入 CAD 文件、绘制曲线、布尔运算、编辑网格修改器、"挤出"修改器等操作创建花架，然后将其合并到一个场景中，并为其制作材质，通过渲染后完成如图 3-243 所示花架的制作。

素材文件\第 3 章\课后练习\练习 5
最终效果\第 3 章\课后练习\练习 5\花架.max、花架.tif

图 3-243

练习 6 制作书桌

运用"弯曲"修改器、编辑多边形、"对称"修改器等操作创建书桌,然后将其合并到一个场景中,并为其制作材质,通过渲染后完成如图 3-244 所示书桌的制作。

最终效果\第 3 章\课后练习\练习 6\书桌.max、书桌.tif

图 3-244

练习 7 制作转角沙发

运用"倒角"修改器、"FFD2×2×2"、"FFD3×3×3"、"FFD4×4×4"修改器等操作创建转角沙发,然后将其合并到一个场景中,并为其制作材质,通过渲染后完成如图 3-245 所示转角沙发的制作。

素材文件\第 3 章\课后练习\练习 7\抱枕.max

最终效果\第 3 章\课后练习\练习 7\转角沙发.max、转角沙发.tif

图 3-245

练习 8　制作玻璃茶几

　　运用"倒角"修改器和"挤出"修改器等操作创建玻璃茶几,然后将其合并到一个场景中,并为其制作材质,通过渲染后完成如图 3-246 所示玻璃茶几的制作。

　　素材文件\第 3 章\课后练习\练习 8
　　最终效果\第 3 章\课后练习\练习 8\玻璃茶几.max、玻璃茶几.tif

图 3-246

练习 9　制作装饰柜

运用切角边、倒角、插入多边形等操作创建装饰柜，然后将其合并到一个场景中，并为其制作材质，通过渲染后完成如图 3-247 所示装饰柜的制作。

素材文件\第 3 章\课后练习\练习 9
最终效果\第 3 章\课后练习\练习 9\装饰柜.max、装饰柜.tif

图 3-247

练习 10　制作现代床

运用精确移动顶点、倒角边、FFD（长方体）修改器、合并操作等操作创建现代床，然后将其合并到一个场景中，并为其制作材质，通过渲染后完成如图 3-248 所示现代床的制作。

最终效果\第 3 章\课后练习\练习 10\现代床.max、现代床.tif

图 3-248

第 4 章

制作场景材质

现实生活中的任意物体都具有一定的特性，如玻璃具有透明度、反射、折射等特性。因此，在 3ds Max 9 中制作好模型后还需制作出反映其特性的材质，才能使渲染后的三维场景真实表达现实环境。本章将以 8 个制作实例来介绍在 3ds Max 9.0 中一些场景材质制作的相关操作。

本章学习目标：
- 制作铁链
- 制作陶瓷杯
- 制作冰块
- 制作蜡烛
- 制作藤编凳
- 为客厅制作材质
- 制作卫生间材质
- 为办公楼制作材质

4.1 制作铁链

实例目标

本例将打开素材文件，分别为墙体和铁链制作材质，完成铁链的制作，最后通过渲染后得到真实墙体和铁链的效果，最终效果如图 4-1 所示。

素材文件\第 4 章\铁链
最终效果\第 4 章\铁链\铁链.max、铁链.tif

制作思路

本例的制作思路如图 4-2 所示，涉及的知识点有设置高光层级、光泽度、位图贴图、混合材质等操作，其中位图贴图和混合材质是本例的制作重点。

图 4-1

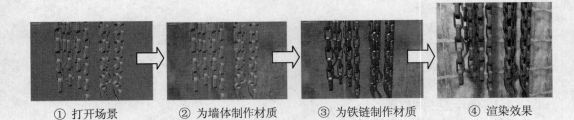

① 打开场景　　　　② 为墙体制作材质　　　③ 为铁链制作材质　　　④ 渲染效果

图 4-2

操作步骤

（1）打开"铁链.max"文件，发现场景中包括墙体和铁链两个模型，如图 4-3 所示。

（2）按"F9"快捷键渲染场景，从渲染后的效果可以看出，场景中铁链产生了投影，说明场景中已有灯光，如图 4-4 所示。

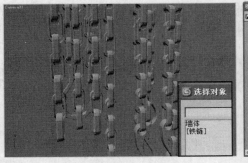

图 4-3

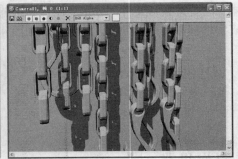

图 4-4

（3）选择"墙体"，按"M"键打开"材质编辑器"对话框，将当前样本球命名为"腐蚀墙"，如图 4-5 所示。

（4）在"反射高光"栏中设置高光层级和光泽度分别为"42"和"22"，观察发现样本球表面出现高光斑点效果，如图 4-6 所示。

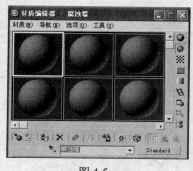

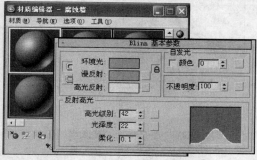

图 4-5 　　　　　　　　　　　　　　　　　　　　　图 4-6

（5）展开"贴图"卷展栏，单击"漫反射颜色"贴图通道右侧的"None"按钮，打开"材质/贴图浏览器"对话框，选择"位图"选项，单击"确定"按钮，如图 4-7 所示。

（6）在打开的"选择位图图像文件"对话框中选择素材文件夹中的"沙灰"位图文件，单击"打开"按钮，如图 4-8 所示。

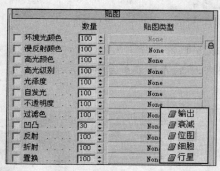

图 4-7 　　　　　　　　　　　　　　　　　　　　　图 4-8

（7）选中"位图参数"卷展栏中的"应用"复选框，单击"查看图像"按钮，在打开的对话框拖动矩形虚线至如图 4-9 所示位置。

（8）单击"转到父对象"按钮，拖动"漫反射颜色"贴图通道上的位图贴图至"凹凸"贴图通道上，在打开的对话框中选中"实例"单选按钮，单击"确定"按钮，如图 4-10 所示。

（9）单击"将材质指定给选定对象"按钮，将当前制作好的标质指定给选择的墙体，并单击"在视口中显示贴图"按钮显示位图贴图，如图 4-11 所示。

（10）选择一个空白样本球，单击"Standard"按钮，在打开的"材质/贴图浏览器"对话框中双击"混合"选项，如图 4-12 所示。

（11）在打开的"替换材质"对话框中直接单击"确定"按钮，将当前标准材质转换为混合材质，如图 4-13 所示。

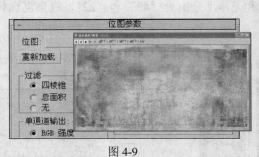
图 4-9

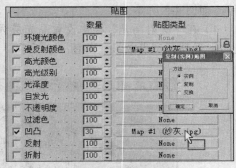
图 4-10

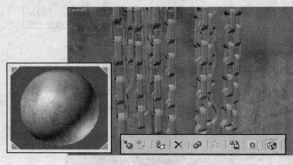
图 4-11

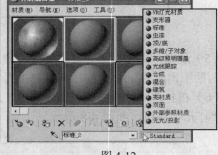
图 4-12

（12）单击"材质 1"右侧的按钮进入参数控制区，在"明暗器基本参数"卷展栏中设置明暗器为"金属"，在"金属基本参数"卷展栏中设置高光层级和光泽度分别为"290"和"55"，如图 4-14 所示。

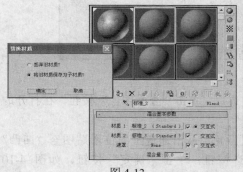
图 4-13

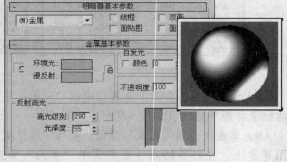
图 4-14

（13）展开"贴图"卷展栏，按照步骤（5）和（6）的操作方法，为"漫反射颜色"贴图通道使用"腐蚀板.jpg"位图贴图，如图 4-15 所示。

（14）按照步骤（8）的操作方法，拖动复制"漫反射颜色"贴图通道上的位图贴图至"凹凸"贴图通道上，将凹凸的数量设置为"50"，如图 4-16 所示。

（15）单击"转到父对象"按钮，单击"材质2"右侧的按钮进入参数控制区，在"Blinn基本参数"卷展栏中设置高光层级和光泽度分别为"16"和"13"，如图 4-17 所示。

图 4-15　　　　　　　　　　　　　　　　　图 4-16

（16）展开"贴图"卷展栏，按照步骤（5）和（6）的操作方法，为"漫反射颜色"贴图通道使用"位图"贴图，并指定位图为"水泥面.jpg"，如图 4-18 所示。

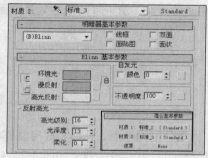

图 4-17　　　　　　　　　　　　　　　　　图 4-18

（17）按照步骤（8）的操作方法，拖动复制"漫反射颜色"贴图通道上的位图贴图至"凹凸"贴图通道上，并将凹凸的数量设置为"40"，如图 4-19 所示。

（18）单击"转到父对象"按钮，在"混合基本参数"卷展栏中设置混合量为"50"，如图 4-20 所示。

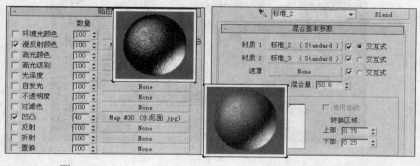

图 4-19　　　　　　　　　　　　　　　　　图 4-20

（19）选择铁链，并将当前编辑好的材质指定给选择的模型。

（20）单击"材质 1"右侧的按钮进入参数控制区，单击"在视口中显示贴图"按钮以显示位图贴图，如图 4-21 所示。

（21）按"F10"快捷键打开"渲染场景"对话框，设置宽度和高度分别为"800"和"600"，设置视口为"Camera01"，如图 4-22 所示。

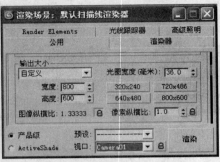

图 4-21　　　　　　　　　　　　　　　图 4-22

（22）按"F9"键系统自动对摄影机视图中进行渲染，渲染后的最终效果如图 4-1 所示。

4.2　制作陶瓷杯

实例目标

本例将打开素材文件，通过设置 VRayMtl 材质分别为地面、杯体和杯身制作材质，完成陶瓷杯的制作，最后通过渲染后得到的真实陶瓷杯的效果，最终效果如图 4-23 所示。

图 4-23

素材文件\第 4 章\陶瓷杯
最终效果\第 4 章\陶瓷杯\陶瓷杯.max、陶瓷杯.tif

制作思路

　　本例的制作思路如图 4-24 所示，涉及的知识点有设置不透明度和设置 VRayMtl 材质等操作，其中设置 VRayMtl 材质是本例的制作重点。

　　① 为地面制作材质　　　② 为杯体制作材质　　　③ 为杯身制作材质　　　④ 渲染效果

图 4-24

操作步骤

　　（1）打开"陶瓷杯.max"文件，观察发现场景中包括杯身、杯体和地面 3 个模型。

　　（2）按"F10"快捷键，在打开的对话框中展开"指定渲染器"卷展栏，观察当前渲染器为默认扫描线渲染器，如图 4-25 所示。

　　（3）单击"产品级"选项右侧的 按钮，在打开的对话框中双击"V-Ray Adv 1.5 RC3"选项，以转换渲染器，如图 4-26 所示。

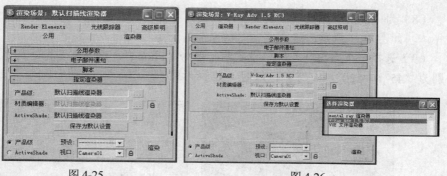

　　　　图 4-25　　　　　　　　　　　　　　　　　图 4-26

　　（4）选择地面，打开"材质编辑器"对话框，选择一个空白样本球，将标准材质转换为 VRayMtl 材质，如图 4-27 所示。

　　（5）展开"贴图"卷展栏，为"漫射"和"凹凸"贴图通道都使用位图贴图，并指定位图为"地砖.jpg"，如图 4-28 所示。

　　（6）进入"位图"贴图参数控制区，在"坐标"卷展栏中将 U 向和 V 向上的平铺次数都设置为"15"，转到父对象，将当前编辑好的材质指定给选择的地面，如图 4-29 所示。

　　（7）选择一个空白样本球，设置明暗器为"Phong"，漫反射颜色为"白色"，自发光、高光层级和光泽度分别为"30"、"30"和"65"，如图 4-30 所示。

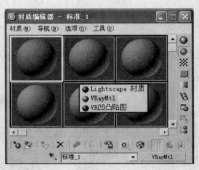

图 4-27

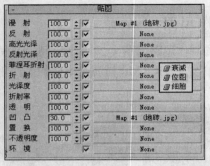

图 4-28

图 4-29

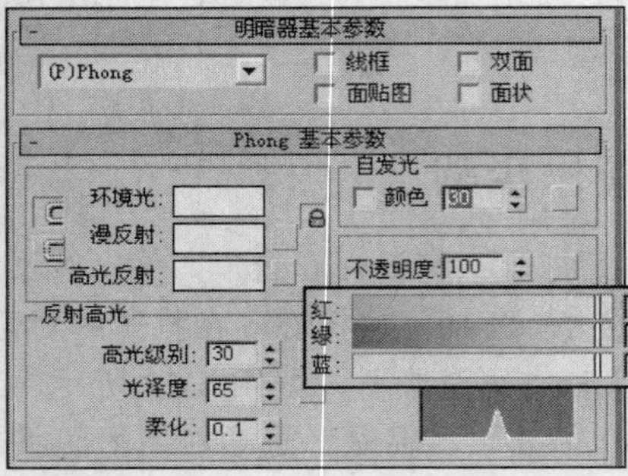

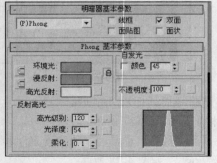

图 4-30

（8）为"反射"贴图通道使用 VR 贴图，并设置反射数量为"10"，然后将前材质指定给杯体，如图 4-31 所示。

（9）选择一个空白样本球，设置明暗器为"Phong"，设置自发光、高光层级和光泽度分别为"45"、"120"和"54"，如图 4-32 所示。

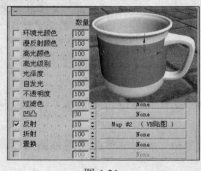

图 4-31

图 4-32

（10）为"漫反射颜色"贴图通道使用位图贴图，并指定位图为"卡通 1.jpg"，如图 4-33 所示。

（11）进入"位图"贴图参数控制区，在"坐标"卷展栏中设置 U 向上的平铺次数为"7"，取消选中其右侧的复选框，如图 4-34 所示。

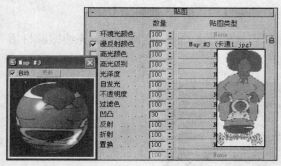
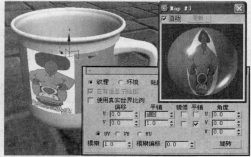

图 4-33　　　　　　　　　　　　　　　　图 4-34

（12）为"不透明度"贴图通道使用位图贴图，并指定位图为"卡通 2.jpg"，将当前编辑好的材质指定给"杯身"，如图 4-35 所示。

（13）在场景中单击鼠标右键，在弹出的快捷菜单中选择【全部取消隐藏】命令，以显示场景中被隐藏的模型，如图 4-36 所示。

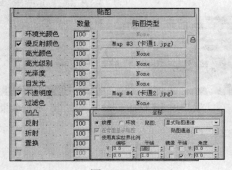

图 4-35　　　　　　　　　　　　　　　　图 4-36

（14）按"F9"键对摄影机视图进行渲染，渲染后的最终效果如图 4-23 所示。

4.3　制作冰块

实例目标

本例将打开素材文件，分别为地面、菜刀和冰块制作材质，完成冰块的制作，最后通过渲染后得到真实冰块的效果，最终效果如图 4-37 所示。

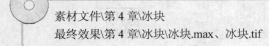

素材文件\第 4 章\冰块
最终效果\第 4 章\冰块\冰块.max、冰块.tif

制作思路

本例的制作思路如图 4-38 所示，涉及的知识点有棋盘格贴图、衰减贴图、光线跟踪材质等操作，其中光线跟踪材质这个知识点是本例的制作重点。

图 4-37

① 为地面制作材质　　② 为菜刀制作材质　　③ 为冰块制作材质　　④ 渲染效果

图 4-38

 操作步骤

（1）打开"冰块.max"文件，观察发现场景中包括菜刀、地面和冰块 3 个模型。

（2）打开"材质编辑器"对话框，选择一个空白样本球，将其明暗器设置为"Oren-Nayar-Blinn"，如图 4-39 所示。

（3）展开"贴图"卷展栏，为"漫反射颜色"贴图通道使用棋盘格贴图，如图 4-40 所示。

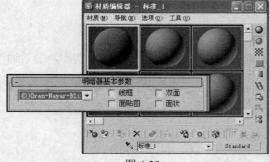

图 4-39

图 4-40

（4）在"棋盘格参数"卷展栏中设置颜色#1 和颜色#2 的颜色分别为"绿色"和"白色"，如图 4-41 所示。

（5）转到父对象，选中"自发光"栏中的"颜色"复选框，并将其右侧颜色块的颜色设置为"黑色"，为"颜色"复选框右侧的空白按钮使用衰减贴图，这一步相当于在"贴图"卷展栏中为"自发光"贴图通道使用衰减贴图，如图 4-42 所示。

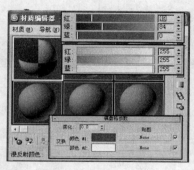
图 4-41

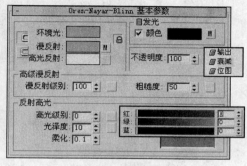
图 4-42

（6）在"衰减参数"卷展栏中将衰减的颜色分别设置为"黑色"和"深灰色"，将当前制作好的材质指定给地面，如图 4-43 所示。

（7）选择地面，对其使用"UVW 贴图"修改器，设置长度和宽度都为"100mm"，如图 4-44 所示。

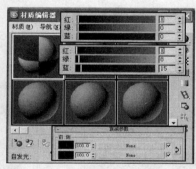
图 4-43

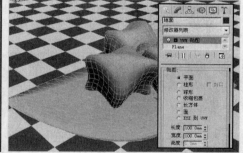
图 4-44

（8）选择菜刀，按"Alt+Q"组合键将其孤立显示，进入多边形子对象层级，在"选择 ID"按钮右侧的数值框中输入"1"，然后单击"选择 ID"按钮，如图 4-45 所示。

（9）选择一个空白样本球，设置明暗器为各向异性，设置环境光颜色为"黑色"，漫反射颜色为"灰色"，如图 4-46 所示。

（10）设置高光层级、光泽度、各向异性和方向分别为"150"、"20"、"50"和"0"，如图 4-47 所示。

（11）展开"贴图"卷展栏，为"反射"贴图通道使用位图贴图，并指定位图为"湖面.jpg"，如图 4-48 所示。

（12）在"坐标"卷展栏中将 U 向和 V 向上的平铺次数都设置为"100"，然后将材质指定给当前选择多边形，如图 4-49 所示。

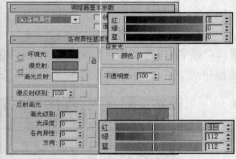

图 4-45　　　　　　　　　　　　　　　　　图 4-46

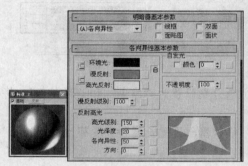
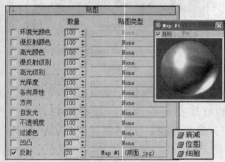

图 4-47　　　　　　　　　　　　　　　　　图 4-48

（13）按照步骤（8）的操作方法，选择 ID 号为 "2" 的所有多边形，如图 4-50 所示。

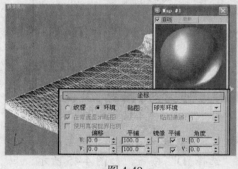
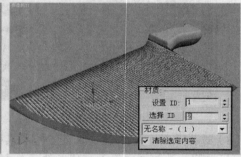

图 4-49　　　　　　　　　　　　　　　　　图 4-50

（14）选择一个空白样本球，设置漫反射颜色为 "白色"，选中 "颜色" 复选框，并将其右侧颜色块的颜色设置为 "灰色"，然后将当前材质指定给选择的多边形，如图 4-51 所示。

（15）按照步骤（8）的操作方法，选择 ID 号为 "3" 的所有多边形，如图 4-52 所示。

（16）选择一个空白样本球，设置高光层级和光泽度分别为 "53" 和 "40"，如图 4-53 所示。

（17）展开 "贴图" 卷展栏，为 "漫反射颜色" 贴图通道使用位图贴图，并指定位图为 "木纹.jpg"，如图 4-54 所示。

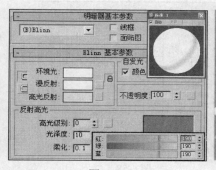

图 4-51 图 4-52

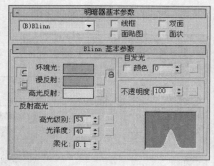

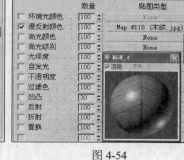

图 4-53 图 4-54

（18）将当前材质指定给当前选择的多边形，退出多边形子对象层级，指定材质后的菜刀，如图 4-55 所示，退出孤立模式。

（19）选择一个空白样本球，将标准材质转换为光线跟踪材质，如图 4-56 所示。

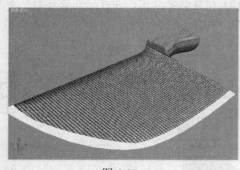

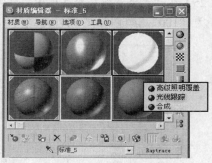

图 4-55 图 4-56

（20）设置明暗器处理类型为"金属"，漫反射为"白色"，高光层级和光泽度分别为"50"和"95"，折射率为"1.3"，如图 4-57 所示。

（21）展开"贴图"卷展栏，为"透明度"贴图通道使用衰减贴图，如图 4-58 所示。

（22）在"衰减参数"卷展栏中设置衰减的颜色分别为"白色"和"灰色"，如图 4-59 所示。

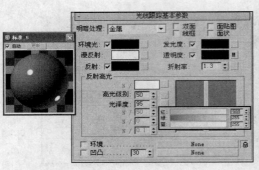
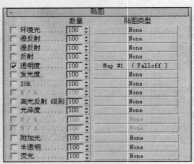

图 4-57   图 4-58

（23）转到父对象，继续为"发光度"贴图通道使用衰减贴图，并在"衰减参数"卷展栏中保持所有参数默认，如图 4-60 所示。

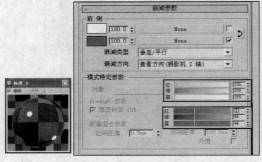

图 4-59   图 4-60

（24）转到父对象，设置凹凸的数量为"75"，为"凹凸"贴图通道使用"混合"贴图，如图 4-61 所示。

（25）在"混合参数"卷展栏中为颜色#1 加载烟雾贴图，并在"烟雾参数"卷展栏中设置大小为"100"，颜色#2 的颜色为"灰色"，如图 4-62 所示。

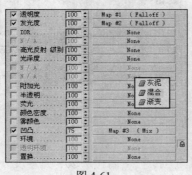
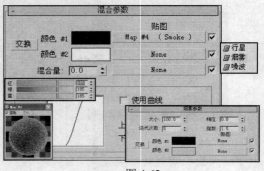

图 4-61   图 4-62

（26）转到父对象，在"混合参数"卷展栏中设置混合量为"30"，并为颜色#2 加载凹痕贴图，然后在"凹痕参数"卷展栏中设置大小为"100"，颜色#2 的颜色为"灰色"，如图 4-63 所示。

（27）单击两次"转到父对象"按钮，为"环境"贴图通道使用光线跟踪贴图，并在"光线跟踪器参数"卷展栏中保持所有参数默认，如图 4-64 所示。

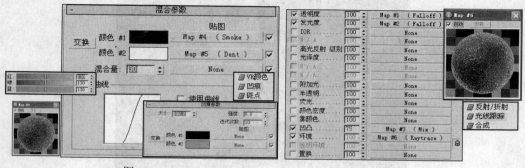

图 4-63

图 4-64

（28）将制作好的材质分别指定给冰块 1、冰块 2 和冰块 3 模型，如图 4-65 所示。

（29）按"8"键打开"环境和效果"对话框，为"环境贴图"使用位图贴图，并指定位图为"室内.jpg"，然后将贴图按钮拖动到材质编辑器中的空白样本球上，如图 4-66 所示。

图 4-65

图 4-66

（30）按"F9"键对摄影机视图进行渲染，渲染后的最终效果如图 4-37 所示。

4.4　制作蜡烛

实例目标

本例将打开素材文件，分别为地板、蜡烛和火焰制作材质，完成蜡烛的制作，最后通过渲染后得到真实蜡烛燃烧的效果，最终效果如图 4-67 所示。

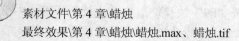

素材文件\第 4 章\蜡烛
最终效果\第 4 章\蜡烛\蜡烛.max、蜡烛.tif

图 4-67

本例的制作思路如图 4-68 所示，涉及的知识点有渐变贴图、混合贴图、渐变坡度贴图等操作，其中渐变坡度贴图是本例的制作重点。

① 为地板制作材质　② 为蜡烛制作材质　③ 为火焰制作材质　④ 渲染效果

图 4-68

操作步骤

（1）打开"蜡烛.max"文件，发现场景中包括地面、主体、火焰和灯芯 4 个模型。

（2）打开"材质编辑器"对话框，选择一个空白样本球，并将其高光层级和光泽度分别设置为"16"和"10"，如图 4-69 所示。

（3）展开"贴图"卷展栏，为"漫反射颜色"贴图通道使用位图贴图，并指定位图为"木地砖.jpg"，设置该贴图在 U 向和 V 向上的平铺次数都为"2"，如图 4-70 所示。

（4）拖动复制"漫反射颜色"贴图通道上的贴图至"凹凸"贴图通道上，并设置凹凸数量为"30"，如图 4-71 所示。

（5）为"反射"贴图通道使用光线跟踪贴图，并设置反射的数量为"30"，如图 4-72 所示。

（6）将当前制作好的材质指定给地板，按"F9"快捷键渲染后的效果如图 4-73 所示。

（7）选择一个空白样本球，设置漫反射颜色为"橙色"，高光反射颜色为"黄色"，自发光为"100"，如图 4-74 所示。

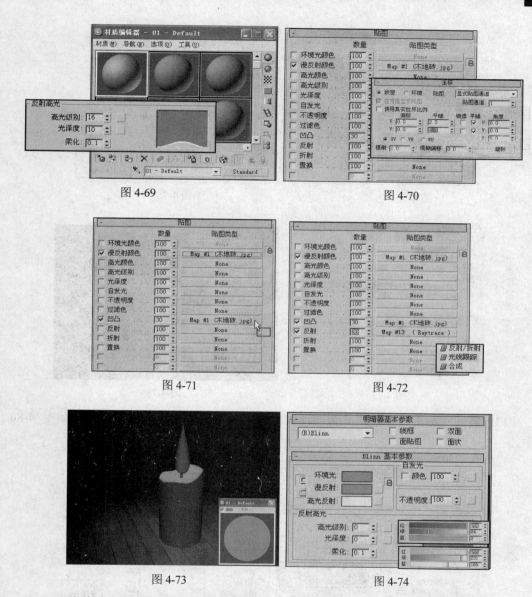

图 4-69　　　　　　　　　　　　　图 4-70

图 4-71　　　　　　　　　　　　　图 4-72

图 4-73　　　　　　　　　　　　　图 4-74

（8）将其高光层级和光泽度分别设置为"130"和"30"，并显示样本球的背景，如图 4-75 所示。

（9）展开"贴图"卷展栏，为"自发光"贴图通道使用渐变贴图，如图 4-76 所示。

（10）在"渐变参数"卷展栏中拖动黑色颜色块至白色颜色块上，释放鼠标后单击"交换"按钮，以交换这两个颜色块上的颜色，如图 4-77 所示。

（11）转到父对象，将当前制作好的材质指定给主体，按"F9"快捷键渲染后的效果如图 4-78 所示。

（12）选择一个空白样本球，设置漫反射颜色为"紫色"，高光层级和光泽度分别为"28"和"35"，自发光为"100"，如图 4-79 所示。

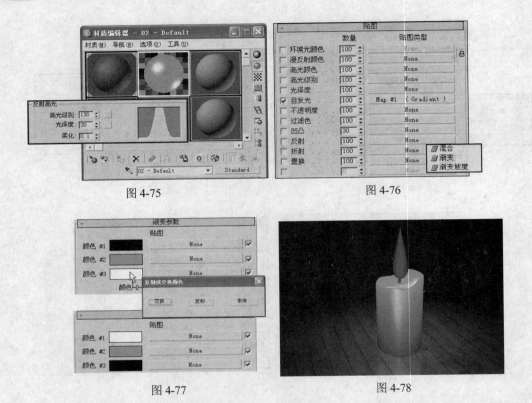

图 4-75

图 4-76

图 4-77

图 4-78

（13）展开"贴图"卷展栏，为"漫反射颜色"贴图通道使用混合贴图，如图 4-80 所示。

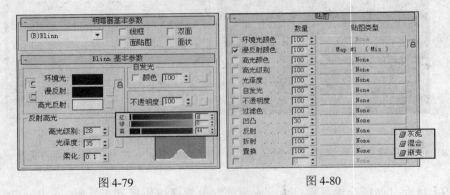

图 4-79

图 4-80

（14）在"混合参数"卷展栏中设置颜色#1 的颜色为"紫色"，颜色#2 的颜色为"红色"，如图 4-81 所示。

（15）按照步骤（9）的操作方法，为"混合量"右侧的空白按钮使用渐变贴图，如图 4-82 所示。

（16）在"渐变参数"卷展栏中设置颜色#1 的颜色为"白色"，颜色#2 和颜色#3 的颜色都为"黑色"，并设置颜色 2 位置为"0.8"，如图 4-83 所示。

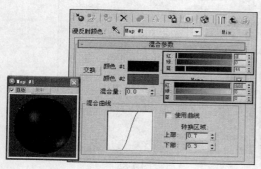
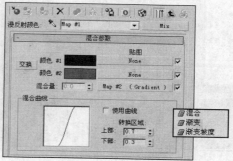

图 4-81　　　　　　　　　　　　　　　　图 4-82

（17）按两次"转到父对象"按钮将当前制作好的材质指定给灯芯，单独对其渲染后的效果如图 4-84 所示。

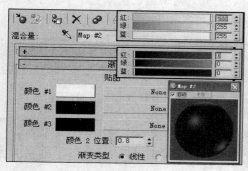

图 4-83　　　　　　　　　　　　　　　　图 4-84

（18）选择一个空白样本球，单击"环境光"左侧的 按钮取消链接，设置环境光颜色为"黑色"，漫反射颜色为"黄色"，如图 4-85 所示。

（19）选中"自发光"栏中的"颜色"复选框，并将其右侧颜色块的颜色设置为"黄色"，如图 4-86 所示。

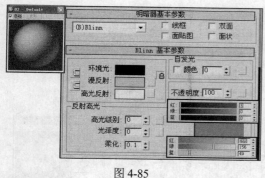
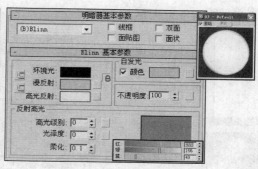

图 4-85　　　　　　　　　　　　　　　　图 4-86

（20）选中"双面"复选框，设置不透明度为"20"，高光层级为"55"，光泽度为"25"，如图 4-87 所示。

（21）展开"贴图"卷展栏，为"自发光"贴图通道使用渐变坡度贴图，如图 4-88 所示。

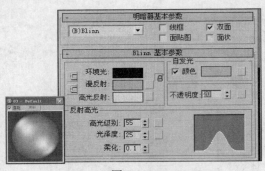

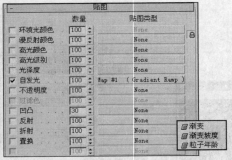

图 4-87　　　　　　　　　　　　　　　　　　　图 4-88

（22）在"渐变坡度参数"卷展栏的渐变颜色条底部单击添加一个渐变滑块，并分别拖动中间两个滑块至如图 4-89 所示位置。

（23）双击渐变颜色条底部左端的滑块，在打开的对话框设置颜色为"橙色"，如图 4-90 所示。

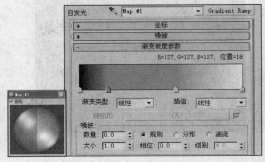

图 4-89　　　　　　　　　　　　　　　　　　　图 4-90

（24）按照步骤（23）的操作方法，分别将中间两个滑块的颜色设置为"黄色"，右端滑块的颜色为"橙色"，如图 4-91 所示。

（25）将"渐变类型"设置为"径向"，然后在"坐标"卷展栏中将 U 向上的平铺次数设置为"5"，如图 4-92 所示。

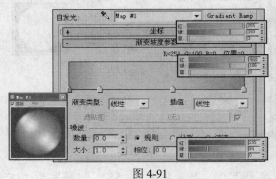

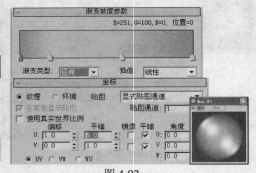

图 4-91　　　　　　　　　　　　　　　　　　　图 4-92

（26）转到父对象，设置不透明度的数量为 80，为"不透明度"贴图通道使用渐变贴图，如图 4-93 所示。

（27）在"渐变参数"卷展栏中设置颜色#1 和颜色#3 的颜色为"黑色"，颜色#2 的颜色为"白色"，并选中"径向"单选按钮，如图 4-94 所示。

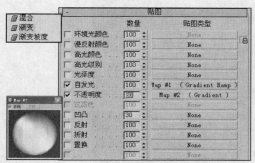

图 4-93

图 4-94

（28）转到父对象，将当前制作好的材质指定给火焰，按"F9"键渲染后的效果如图 4-95 所示。

（29）复制两根蜡烛，并分别将其适当旋转并移动至如图 4-96 所示位置。

图 4-95   图 4-96

（30）按"F9"键对摄影机视图进行渲染，渲染后的最终效果如图 4-67 所示。

4.5　制作藤编凳

实例目标

本例将打开素材文件，通过设置 VRayMlt 材质分别制作金属材质和藤编材质，完成藤编凳的制作，最后通过渲染后得到的真实藤编凳的效果，最终效果如图 4-97 所示。

素材文件\第 4 章\藤编凳
最终效果\第 4 章\藤编凳\藤编凳.max、藤编凳.tif

图 4-97

 制作思路

本例的制作思路如图 4-98 所示,涉及的知识点有 VRayMtl 材质、VR 材质包裹器、"VRay 置换模式"修改器、"UVW 贴图"修改器等操作,其中"VRay 置换模式"修改器和"UVW 贴图"修改器是本例的制作重点。

① 打开场景　　② 制作金属材质　　③ 制作藤编材质　　④ 渲染效果

图 4-98

 操作步骤

(1)打开"座便器.max"文件,发现场景中包括凳面、支架和支架垫 3 个模型。

(2)打开"材质编辑器"对话框,选择一个空白样本球,将标准材质转换为 VR 材质包裹器材质,并将接受全局照明设置为"1.2",单击"标准_1"按钮,如图 4-99 所示。

(3)进入参数控制区,将标准材质转换为 VRayMtl 材质,如图 4-100 所示。

(4)在"基本参数"卷展栏中将漫射和反射颜色分别设置为"深灰色"和"灰色",将光泽度设置为"0.85",如图 4-101 所示。

(5)同时选择支架和支架垫,将当前制作好的金属材质同时指定给选择的两个模型,如图 4-102 所示。

(6)选择一个空白样本球,将标准材质转换为 VR 材质包裹器材质,并将产生全局照明和接收全局照明分别设置为"0.8"和"1.2",单击"标准_2"按钮,如图 4-103 所示。

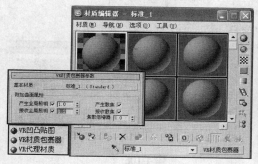

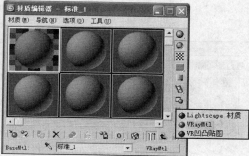

图 4-99　　　　　　　　　　　图 4-100

图 4-101　　　　　　　　　　　图 4-102

（7）进入参数控制区，设置明暗器为 "Oren-Nayar-Blinn"，如图 4-104 所示。

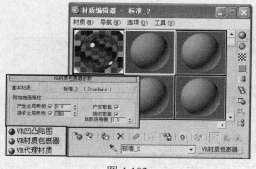

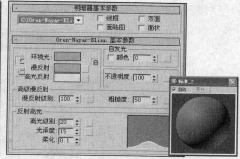

图 4-103　　　　　　　　　　　图 4-104

（8）展开"贴图"卷展栏，为"漫反射颜色"贴图通道使用位图贴图，并指定位图为"条纹 01.jpg"，如图 4-105 所示。

（9）继续为"凹凸"贴图通道使用位图贴图，并指定位图为"条纹 02.jpg"，如图 4-106 所示。

（10）将当前编辑后的材质指定给场景中的凳面，并保持"材质编辑器"对话框的打开状态，如图 4-107 所示。

（11）确认选择凳面，使用"UVW 贴图"修改器，设置贴图类型为长方体，长度、宽度和高度都为"800mm"，并设置 V 向平铺次数为"3"，如图 4-108 所示。

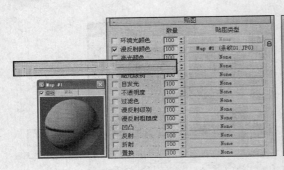
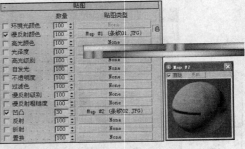

图 4-105　　　　　　　　　　　　　　　　图 4-106

图 4-107　　　　　　　　　　　　　　　　图 4-108

（12）继续对凳面使用"VRay 置换模式"修改器，设置类型为 3D 贴图，数量为"0.5mm"，如图 4-109 所示。

（13）拖动复制"凹凸"贴图通道上的贴图至"VRay 置换模式"修改器的"纹理贴图"栏中的空白按钮上，如图 4-110 所示。

图 4-109　　　　　　　　　　　　　　　　图 4-110

（14）显示隐藏模型，按"F9"键对摄影机视图进行渲染，最终效果如图 4-97 所示。

4.6　为客厅制作材质

　实例目标

本例将打开制作好的客厅框架素材文件，通过设置 VRayMtl 材质，以及为框架贴图等方

法，完成客厅材质的制作，其中主要涉及地板材质和乳胶漆材质的制作方法，最终效果如图 4-111 所示。

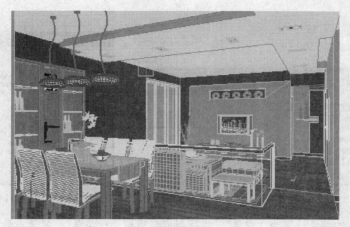

图 4-111

素材文件\第 4 章\客厅材质
最终效果\第 4 章\客厅材质\材质完成.max

制作思路

本例的制作思路如图 4-112 所示，涉及的知识点有位置贴图、多维子对象材质、设置 VRayMt 材质等操作，其中设置 VRayMt 材质和多维子对象材质是本例的制作重点。

①　打开文件　　　　　②　制作材质　　　　　③　完成制作

图 4-112

　操作步骤

（1）打开"完整框架.max"文件，选择前面创建的模型，单击鼠标右键，在弹出的快捷菜单中选择【隐藏未选定对象】命令。

（2）按"F10"快捷键，打开"渲染场景：默认扫描线渲染器"对话框，在"公用"选项卡的"指定渲染器"卷展栏中单击"产品级"后面的"浏览"按钮打开"选择渲染器"对话框，选择"V-Ray Adv 1.5 RC3"选项，单击"确定"按钮，如图 4-113 所示。

（3）按 "M" 键打开 "材质编辑器" 对话框，选择 "不锈钢" 样本球，单击 "Standard" 按钮，在打开的 "材质/贴图浏览器" 对话框中选择 "VRayMtl" 选项，单击 "确定" 按钮，如图 4-114 所示。

图 4-113   图 4-114

（4）将漫射的颜色设置为 "白色"，将反射颜色设置为 "灰色"，其他参数不变，如图 4-115 所示。

（5）在材质编辑器中选择 "木纹-地板" 样本球，将标准材质换为 VRayMtl，在 "贴图" 卷展栏中为 "漫射" 贴图通道加载位图贴图并指定位图为 "地板木 2.jpg"，如图 4-116 所示。

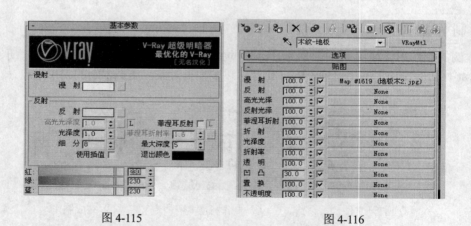

图 4-115   图 4-116

（6）在 "反射" 栏中设置反射的颜色为 "浅灰色"，光泽度为 "0.85"，如图 4-117 所示。

（7）选择 "地面"，对其使用 "UVW 贴图" 修改器，设置参数如图 4-118 所示。

（8）选择 "餐地"，对其使用 "UVW 贴图" 修改器，选中 "长方体" 单选按钮，将长度、宽度和高度分别设置为 "2500mm"、"1600mm" 和 "100mm"，如图 4-119 所示。

（9）打开 "材质编辑器" 对话框，选择 "乳胶漆-主墙" 样本球，将标准材质转换为 VRayMtl，将漫射的颜色设置为 "淡黄色"，如图 4-120 所示。

图 4-117　　　　　　　　　　　　　　　　　图 4-118

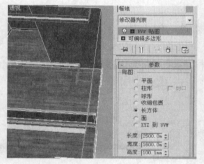

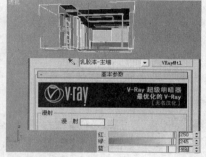

图 4-119　　　　　　　　　　　　　　　　　图 4-120

（10）选中"木纹-踢脚"样本球，将标准材质转换为 VRayMtl，为"漫射"贴图通道加载位图贴图，指定位图为"地板木 2.jpg"，在视图中选择"踢脚线"，对其使用"UVW 贴图"修改器，参数如图 4-121 所示。

（11）选中"乳胶漆-淡灰"样本球，将标准材质转换为 VRayMtl，设置漫射颜色为"浅黄色"，其他参数保持不变，如图 4-122 所示。

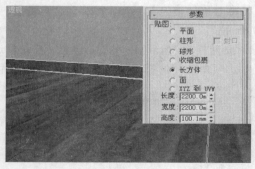

图 4-121　　　　　　　　　　　　　　　　　图 4-122

（12）选中"木纹-门"样本球，将标准材质转换为 VRayMtl，为"漫射"贴图通道加载位图贴图，指定贴图为"A-D-081.jpg"，设置漫射颜色为"深灰色"，光泽度为"0.85"，如图 4-123 所示。

（13）在视图中选择"门"，对其使用"UVW 贴图"修改器，设置使用类型为长方体，长度、宽度和高度分别为"2100mm"、"800mm"和"250mm",如图 4-124 所示。

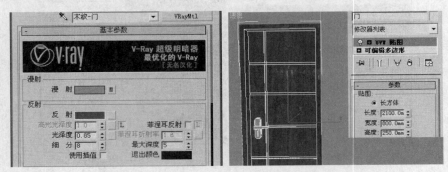

图 4-123　　　　　　　　　　　　　　　　图 4-124

（14）在"材质编辑器"对话框中选中"玻璃"样本球,将标准材质转换为 VRayMtl,分别设置漫射、反射和折射的颜色为"浅黄"、"黑色"和"浅灰色",如图 4-125 所示。

（15）在"材质编辑器"中选中"窗框"样本球,将标准材质转换为 VrayMtl 材质,设置漫射的颜色为"浅灰色",其他参数保持不变,如图 4-126 所示。

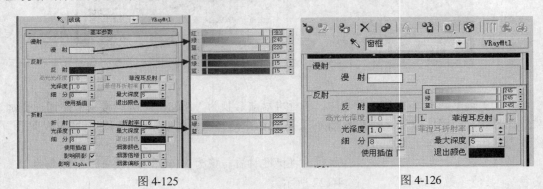

图 4-125　　　　　　　　　　　　　　　　图 4-126

（16）选中"乳胶漆-彩墙"样本球,将标准材质转换为 VrayMtl 材质,设置漫射的颜色为"棕色",其他参数保持不变,如图 4-127 所示。

（17）选中"玻璃木纹"样本球,将标准材质转换为 VRayMtl 材质,单击"按材质选择"按钮打开"选择对象"对话框,选中"隔断"选项单击"选择"按钮,如图 4-128 所示。

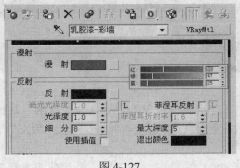 

图 4-127　　　　　　　　　　　　　　　　图 4-128

（18）此时将选择"隔断"物体，将其转换为可编辑多边形，按"Alt+Q"组合键孤立显示，进入元素子对象层级，在视图中选中立柱和横梁 3 个元素，将 ID 号设置为"1"，如图 4-129 所示。

（19）按"Ctrl+I"组合键进行反选，将 ID 号设置为"2"，如图 4-130 所示。

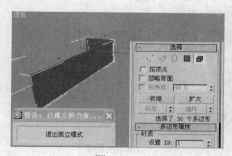 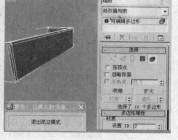

图 4-129　　　　　　　　　　　　　　　　图 4-130

（20）在"材质编辑器"对话框中选中"玻璃木纹"样本球，单击"VRalMtl"按钮，在打开的对话框中双击"多维/子对象"选项打开"替换材质"对话框，单击"确定"按钮，单击"设置数量"按钮，打开"设置材质数量"对话框，设置材质数量为"2"，如图 4-131 所示。

（21）保持"玻璃木纹"样本球的选择状态，将"木纹-门"样本球拖动到"标准"按钮上，打开"实例（副本）材质"对话框，选择"复制"单选按钮，单击"确定"按钮，如图 4-132 所示。用同样的方法将"玻璃"样本球拖动到"标准 2"按钮上，单击加载材质后的按钮。

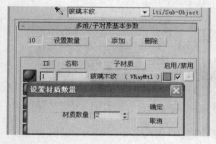 

图 4-131　　　　　　　　　　　　　　　　图 4-132

（22）完成整个场景的材质制作，单击鼠标右键，在弹出的快捷菜单中选择【全部取消隐藏】命令，在透视图中按"C"键，转换到摄影机视图，完成客厅材质制作。

4.7　制作卫生间材质

 实例目标

本例将打开制作好的卫生间素材文件，通过设置 VRayMtl 材质，以及为框架贴图等方法，

完成客厅材质的制作，其中主要涉及使用 VRayMtl 材质的折射表现半透明窗帘材质效果，最终效果如图 4-133 所示。

图 4-133

素材文件\第 4 章\卫生间材质
最终效果\第 4 章\卫生间材质\卫生间材质表现.max

 制作思路

本例的制作思路如图 4-134 所示，涉及的知识点有位置贴图、多维子对象材质和折射效果制作等操作，其中多维子对象材质和折射效果制作是本例的制作重点。

① 制作主墙砖材质　　② 设置陶瓷物体的 ID 号　　③ 完成制作

图 4-134

 操作步骤

（1）打开"天光照明测试.max"文件，按"H"键打开"选择对象"对话框，选择"砖-蓝地"选项，单击"选择"按钮，如图 4-135 所示。

（2）按"M"键打开"材质编辑器"对话框，为选择的模型指定一个空白样本球并命名为"蓝色地砖"。

（3）将标准材质转换为 VRayMtl 材质，在"漫射"贴图通道加载位图贴图并指定位图为"floor_tile.tif"，设置反射颜色为"深灰色"，光泽度为"0.85"，如图 4-136 所示。

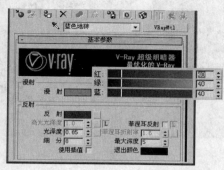

图 4-135　　　　　　　　　　　　　　　　图 4-136

（4）展开"贴图"卷展栏，将"漫射"贴图通道按钮拖动到凹凸贴图通道上，以关联复制贴图，将凹凸数量设置为"50"，如图 4-137 所示。

（5）选择"砖-蓝墙"，将"蓝色地砖"材质球复制一个并改名为"腰线砖"，将"漫射"和"凹凸"贴图通道上的位图换为"tile1.tif"，如图 4-138 所示。

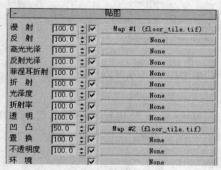
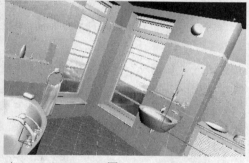

图 4-137　　　　　　　　　　　　　　　　图 4-138

（6）用同样的方法完成"砖-白画"材质的制作，重命名复制的样本球为"墙砖2"，将"漫射"和"凹凸"贴图通道上的位图转换为"tile2.tif"，如图 4-139 所示。

（7）选择"毛巾"，指定空白样本球并命名为"织物"，将标准材质转换为 VRaylmt 材质，为"漫射"贴图通道加载上衰减贴图，为第 1 个贴图通道加载位图贴图，并指定位图为"布料.jpg"，如图 4-140 所示。

（8）选择"陶瓷"，指定空白样本球并命名为"陶瓷"，将标准材质转换为多维/子对象材质，将子材质数量设为"2"，在"修改"面板中进入多边形对象层级，将浴缸模型竖向的那一排多边形的 ID 设置为"2"，按"Ctrl+I"组合键反选，将其他多边形的 ID 设置为"1"，如图 4-141 所示。

（9）在"材质编辑器"对话框中分别将两个子材质转换为 VRayMtl 材质，并分别重命名为"白陶瓷"和"蓝陶瓷"，设置"蓝陶瓷"的漫射颜色为"淡蓝色"，如图 4-142 所示。

图 4-139   图 4-140

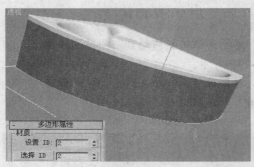

图 4-141   图 4-142

（10）进入"白陶瓷"子材质，设置漫射颜色为"白色"，反射颜色为"黑色"，光泽变为"0.85"，如图 4-143 所示。

（11）选择"金属"，指定一个空白样本球并命名为"不锈钢"，将标准材质转换为 VRayMtl 材质，将反射颜色设置为"白色"，光泽度设置为"0.85"，其他参数不变，如图 4-144 所示。

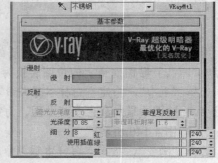

图 4-143   图 4-144

（12）选择"镜"，指定空白样本球并命名为"镜子"，将标准材质转换为 VRayMtl 材质，将漫射颜色设置为"纯黑色"，将反射颜色设置为"纯白色"，用同样的方法制作其他一些小模型的材质，如图 4-145 所示。

（13）选择"窗帘"，指定空白样本球并命名为"半透明窗帘"，将标准材质转换为 VRayMtl 材质，在"漫射"和"折射"贴图通道上都加载位图贴图，并指定位图为"roller_mat.jpg"，将折射率值设置为"1.01"，选中"影响阴影"复选框，如图 4-146 所示。

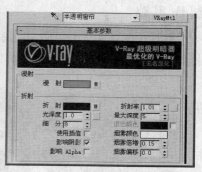

图 4-145　　　　　　　　　　　　　　　图 4-146

（14）完成整个场景制作，按"F9"键对摄影机视图进行渲染，渲染后的最终效果如图 4-133 所示。

4.8　为办公楼制作材质

实例目标

本例将打开制作好的办公楼素材文件，通过设置 VRayMtl 材质，以及贴图等操作，完成办公楼材质的制作，其中主要涉及近景草地材质、建筑玻璃材质的表现技巧，最终效果如图 4-147 所示。

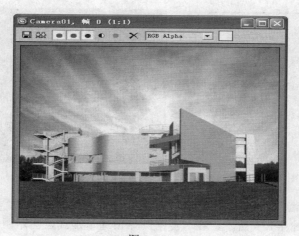

图 4-147

素材文件\第 4 章\办公楼材质
最终效果\第 4 章\办公楼材质\办公楼材质.max

制作思路

本例的制作思路如图 4-148 所示，涉及的知识点有玻璃材质表现、外墙材质表现、草地表现等操作，其中玻璃材质表现和外墙材质表现制作是本例制作重点。

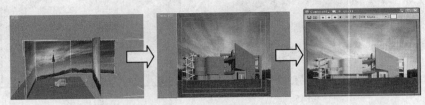

① 制作背景物体的材质　　② 制作草地材质　　③ 完成制作

图 4-148

操作步骤

（1）打开"背景相机.max"文件，选择"背景"，按"M"键打开"材质编辑器"对话框为其指定空白样本球并命名为"反射背景"，将标准材质转换为 VR 灯光材质，设置强度为 1.4，在"不透明度"贴图通道中加载位图贴图，并指定位图为"背景-1.jpg"，选中"裁剪/放置"栏中的"应用"复选框，将 H 值设置为"0.7"，如图 4-149 所示。

（2）用同样的方法为"背面环境"也制作 VR 灯光材质，指定位图为"天空背景.jpg"，强度设置为"1"，可以不裁剪贴图，如图 4-150 所示。

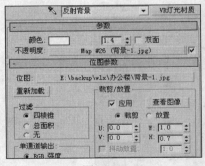

图 4-149

图 4-150

（3）选择"外墙"，为其指定空白样本球并命名为"主墙饰面"，将标准材质转换为 VRayMtl 材质，如图 4-151 所示，在"漫射"贴图通道加载位图贴图，并指定位图为"全白.jpg"。

（4）在"反射"贴图通道加载衰减贴图，在衰减的两个贴图通道都加载位图贴图并指定位图为"墙面反射.jpg"，将两个颜色分别设置为"15"和"45"，如图 4-152 所示。

（5）在"混合曲线"卷展栏中将曲线形状调整到如图 4-153 所示，使衰减的效果更明显一些。

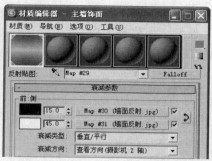

图 4-151　　　　　　　　　　　　　　　图 4-152

（6）转到父对象，为光泽度贴图通道加载衰减贴图，衰减的两个贴图通道都加载位图贴图并指定位图为"墙面光泽.jpg"，将两个颜色分别设置为"20"和"22"，如图 4-154 所示。

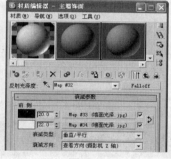

图 4-153　　　　　　　　　　　　　　　图 4-154

（7）在"混合曲线"卷展栏中将曲线的形状调整到如图 4-155 所示效果，使衰减的效果更明显。

（8）转到父对象，将 VRayMtl 材质转换为 VR 材质包裹器材质，将产生全局照明设置为"1.2"，如图 4-156 所示。

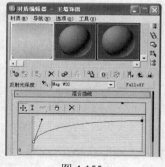
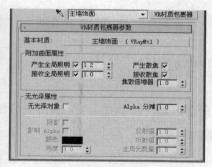

图 4-155　　　　　　　　　　　　　　　图 4-156

（9）选择"草地"，指定空白样本球并命名为"草"，将标准材质转换为 VRayMtl 材质，在"漫射"贴图通道加载位图贴图，并指定位图为"草地.jpg"，在"置换"贴图通道加载位图贴图，并指定位图为"草地凹凸.jpg"，设置置换数量为"5"，如图 4-157 所示。

（10）选择"绿叶"，指定空白样本球并命名为"绿色"，将标准材质转换为 VRayMtl

材质，设置漫射颜色为"墨绿色（R:70,G:95,B:40）"。

（11）选择"楼体地面"，指定空白样本球并命名为"水泥地"，将标准材质转换为
VRayMtl 材质，如图 4-158 所示，在"漫射"贴图通道加载位图贴图，并指定位图为"水泥.jpg"。

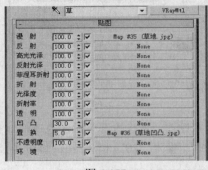

图 4-157   图 4-158

（12）选择"玻璃"，指定空白样本球并命名为"青色玻璃"，将标准材质转换为 VRayMtl
材质，将漫射颜色设置为"青色"，将反射颜色设置为"黑色"，如图 4-159 所示。

（13）将折射颜色设置为"白色"，选中"影响阴影"复选框，如图 4-160 所示。

图 4-159   图 4-160

（14）完成材质制作，按"F9"快捷键进行渲染，渲染后的最终效果如图 4-147 所示。

4.9   课后练习

根据本章所学内容，动手完成以下实例的制作。

练习 1   制作飞轮

先导入素材文件，然后运用"光线跟踪"贴图、"衰减"贴图、"渐变"贴图等操作，为
创建好的飞轮模型制作材质，通过渲染后完成如图 4-161 所示飞轮的制作。

素材文件\第 4 章\课后练习\练习 1
最终效果\第 4 章\课后练习\练习 1\飞轮.max、飞轮.tif

图 4-161

练习 2　制作玻璃桌

先导入素材文件，然后运用各向异性明暗器、位图贴图、多维/子对象材质、"UVW 贴图"修改器等操作，为创建好的玻璃桌制作材质，通过渲染后完成如图 4-162 所示玻璃桌的制作。

图 4-162

素材文件\第 4 章\课后练习\练习 2

最终效果\第 4 章\课后练习\练习 2\玻璃桌.max、玻璃桌.tif

练习 3　制作葡萄酒瓶

先导入素材文件，然后运用为多边形指定材质、"衰减"贴图、光线跟踪贴图等操作，为创建好的葡萄酒瓶模型制作材质，通过渲染后完成如图 4-163 所示葡萄酒瓶的制作。

素材文件\第 4 章\课后练习\练习 3
最终效果\第 4 章\课后练习\练习 3\葡萄酒瓶.max、葡萄酒瓶.tif

图 4-163

练习 4　制作毛巾

先导入素材文件，然后运用 VR 贴图、细胞贴图、VRay 置换模式修改器等操作，为创建好的毛巾模型制作材质，通过渲染后完成如图 4-164 所示毛巾的制作。

素材文件\第 4 章\课后练习\练习 4
最终效果\第 4 章\课后练习\练习 4\毛巾.max、毛巾.tif

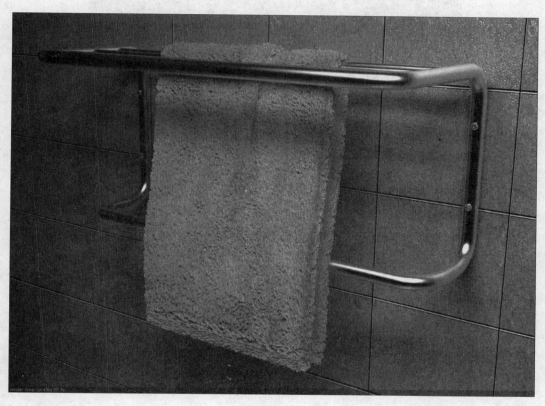

图 4-164

练习 5　制作塑料鹿头

先导入素材文件，然后运用各向异性明暗器、"衰减"贴图等操作，为创建好的鹿头模型制作材质，通过渲染后完成如图 4-165 所示塑料鹿头的制作。

素材文件\第 4 章\课后练习\练习 5
最终效果\第 4 章\课后练习\练习 5\塑料鹿头.max、塑料鹿头.tif

图 4-165

练习 6 制作雪山

先导入素材文件，然后运用顶/底材质、遮罩贴图、细胞贴图等操作，为创建好的雪山模型制作材质，通过渲染后完成如图 4-166 所示雪山的制作。

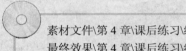

素材文件\第 4 章\课后练习\练习 6
最终效果\第 4 章\课后练习\练习 6\雪山.max、雪山.tif

图 4-166

练习 7　制作仿古阶梯

　　先导入素材文件，然后运用多维/子对象材质、VRayMtl 材质、VR 材质包裹器材质等操作，为创建好的阶梯模型制作材质，通过渲染后完成如图 4-167 所示仿古阶梯的制作。

　　素材文件\第 4 章\课后练习\练习 7
　　最终效果\第 4 章\课后练习\练习 7\仿古阶梯.max、仿古阶梯.tif

图 4-167

练习 8　制作装饰鹿头

　　先导入素材文件，然后运用平铺贴图、"衰减"贴图、光线跟踪贴图等操作，为创建好的鹿头模型制作材质，通过渲染后完成如图 4-168 所示装饰鹿头的制作。

　　素材文件\第 4 章\课后练习\练习 8
　　最终效果\第 4 章\课后练习\练习 8\装饰鹿头.max、装饰鹿头.tif

图 4-168

练习 9　制作座便器

先导入素材文件，然后运用 VRayMtl 材质、VR 材质包裹器、VR 贴图、VRayHDRI 贴图等操作，为创建好的座便器模型制作材质，通过渲染后完成如图 4-169 所示座便器的制作。

素材文件\第 4 章\课后练习\练习 9
最终效果\第 4 章\课后练习\练习 9\座便器.max、座便器.tif

图 4-169

第 5 章

对场景进行照明

现实生活中的任何物体都必须产生光效或被其他光源所照射，并经过反射或漫反射后进入人的眼睛，才能被人所感知。在 3ds Max 中也一样，只有模型接受光照才能正确表达场景中的内容，另外，模型表面的材质也要通过光照才能正确表现。本章将以 5 个制作实例来介绍在 3ds Max 9.0 中制作一些场景照明的相关操作。

本章学习目标：
- 📖 制作别墅灯光
- 📖 制作全封闭场景照明
- 📖 制作黄昏场景照明
- 📖 制作天光照明
- 📖 布置灯光

5.1 制作别墅灯光

实例目标

本例将打开素材文件，分别创建目标聚光灯、自由平行光和泛光灯，并进行灯光的缩放，完成别墅灯光的制作，最后通过渲染后得到真实别墅灯光的效果，最终效果如图 5-1 所示。

素材文件\第 5 章\别墅灯光
最终效果\第 5 章\别墅灯光\别墅.max、别墅.tif

制作思路

本例的制作思路如图 5-2 所示，涉及的知识点有创建目标聚光灯、自由平行光和泛光灯、灯光缩放等操作，其中自由平行光和灯光缩放是本例的制作重点。

图 5-1

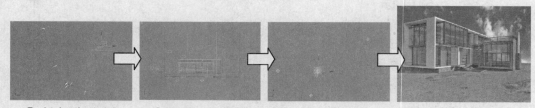

① 创建目标聚光灯　　② 创建自由平行光　　③ 创建泛光灯　　④ 渲染效果

图 5-2

操作步骤

（1）打开"别墅.max"文件，观察发现场景中的各个模型已制作好了材质。

（2）激活摄影机视图，按"Shift+Q"组合键快速渲染摄影机视图，得到如图 5-3 所示的渲染效果。

（3）在顶视图中创建一盏目标聚光灯，以将其作为场景的主光源，如图 5-4 所示。

图 5-3

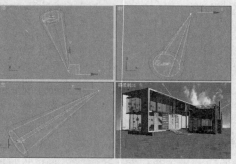

图 5-4

（4）设置其倍增为"1.057"，颜色为"黄色"，聚光区/光束和衰减区/区域分别为"8.85"

和"12"，如图 5-5 所示。

（5）在"常规参数"卷展栏的"阴影"栏中选中"启用"复选框，并设置阴影类型为"光线跟踪阴影"，按"F9"快捷键渲染摄影机视图，渲染后的效果如图 5-6 所示。

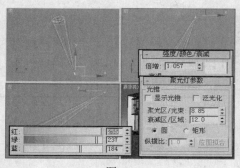

图 5-5　　　　　　　　　　　　　　　　　　　图 5-6

（6）创建第 2 盏目标聚光灯，以将其用来模拟天光投射效果，设置其倍增为"0.1"，颜色为"淡蓝色"，聚光区/光束和衰减区/区域分别为"5.15"和"7.12"，如图 5-7 所示。

（7）启用阴影，在"阴影贴图参数"卷展栏中设置偏移、大小和采样范围分别为"0.4"、"3000"和"50"，如图 5-8 所示。

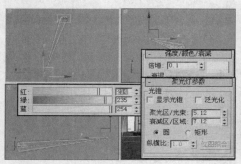

图 5-7　　　　　　　　　　　　　　　　　　　图 5-8

（8）复制一盏当前选择的目标聚光灯，结合其顶视图、前视图和左视图将其投射点调整至如图 5-9 所示位置。

（9）再复制一盏目标聚光灯，设置其倍增为"0.06"，颜色为"蓝色"，然后将投射点调整至如图 5-10 所示位置。

（10）复制 7 盏目标聚光灯，并在顶视图中分别调整投射点的位置，直至如图 5-11 所示效果。

（11）在前视图中继续分别调整复制的 7 盏目标聚光灯的投射点的位置，直至如图 5-12 所示效果。

（12）按"F9"快捷键快速对摄影机视图进行渲染，渲染后的效果如图 5-13 所示，此时别墅表面显示一层蓝色天光效果。

（13）单击"自由平行光"按钮，在左视图中单击创建一盏自由平行光，如图 5-14 所示。

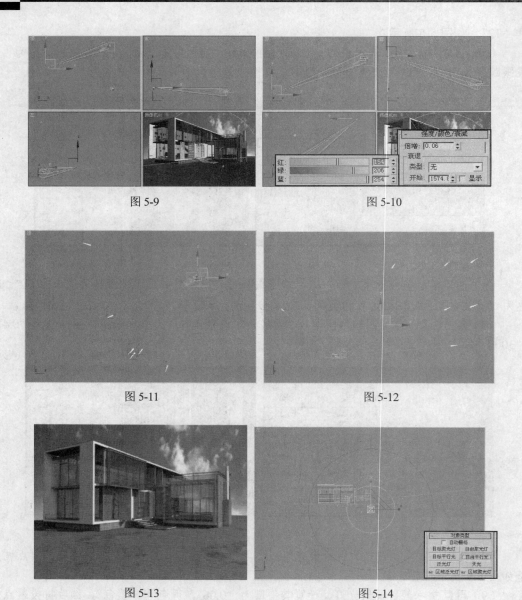

图 5-9　　　　　　　　　　　　　　　　　　图 5-10

图 5-11　　　　　　　　　　　　　　　　　　图 5-12

图 5-13　　　　　　　　　　　　　　　　　　图 5-14

（14）单击工具栏中的"选择并非均匀缩放"按钮，在 Y 轴上垂直向下拖动，直至得到如图 5-15 所示的缩放效果。

（15）设置其倍增为"0.2"，颜色为"淡绿色"，远距衰减的开始和结束分别为"590mm"和"630mm"，如图 5-16 所示。

（16）在"平行光参数"卷展栏中选中"矩形"单选按钮，并设置聚光区/光束和衰减区/区域分别为"200mm"和"520mmm"，如图 5-17 所示。

（17）在顶视图中沿 X 轴移动自由平行光，直至得到如图 5-18 所示效果为止，目的是为了照亮别墅的左侧内墙体。

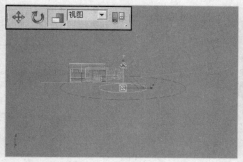
图 5-15

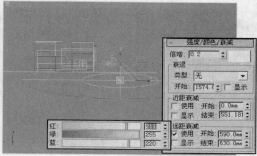
图 5-16

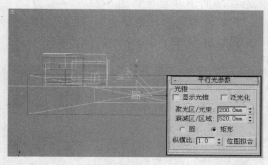
图 5-17

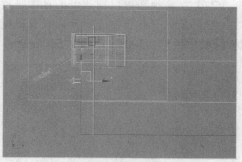
图 5-18

（18）复制一盏自由平行光，并设置聚光区/光束和衰减区/区域分别为 "200mm" 和 "630mmm"，在顶视图中将其移动至如图 5-19 所示位置。

（19）复制一盏自由平行光，设置倍增为 "0.1"，颜色为 "蓝色"，远距衰减的开始和结束分别为 "500mm" 和 "1300mm"，在前视图中将其沿 Y 轴向上移动至如图 5-20 所示位置。

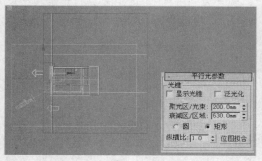
图 5-19

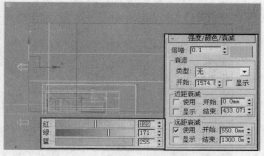
图 5-20

（20）复制一盏自由平行光，并设置聚光区/光束和衰减区/区域分别为 "200mm" 和 "520mmm"，结合顶视图和前视图将其移动至如图 5-21 所示位置。

（21）在顶视图中创建一盏自由平行光，设置倍增为 "0.2"，颜色为 "浅绿色"，聚光区/光束和衰减区/区域分别为 "200mm" 和 "600mmm"，如图 5-22 所示。

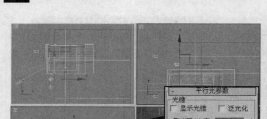
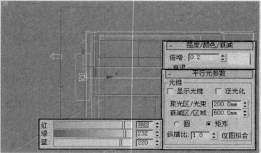

图 5-21   图 5-22

（22）在前视图中将创建好的自由平行光沿 *Y* 轴向下移动至如图 5-23 所示位置。

（23）复制一盏自由平行光，设置倍增为"0.4"，颜色为"嫩绿色"，聚光区/光束和衰减区/区域分别为"200mm"和"520mmm"，如图 5-24 所示。

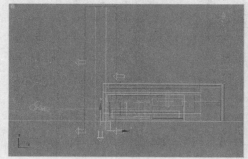
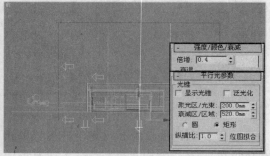

图 5-23   图 5-24

（24）按"F9"快捷键快速对摄影机视图进行渲染，渲染后的效果如图 5-25 所示，此时别墅顶部具有了通透感。

（25）创建一盏泛灯光，设置倍增为"0.4"，颜色为"橙色"，远距衰减的开始和结束分别为"355mm"和"830mm"，如图 5-26 所示。

图 5-25   图 5-26

（26）创建第 2 盏泛光灯，设置其倍增为"0.1"，颜色为"淡蓝色"，然后将其调整至如图 5-27 所示位置。

（27）复制一盏泛光灯，并将其调整至如图 5-28 所示位置，以增强对别墅内部天花板的光照效果。

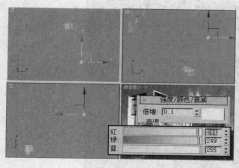

图 5-27

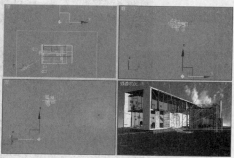

图 5-28

（28）复制一盏泛光灯，设置其倍增为"0.2"，然后将其调整至如图 5-29 所示位置，以增加对别墅墙体的光照效果。

（29）复制一盏步骤（25）创建的泛光灯，并在左视图中将其沿 X 轴向右移动至如图 5-30 所示位置，设置其倍增为"0.16"，远距衰减的开始和结束分别为"550mm"和"1100mm"。

图 5-29

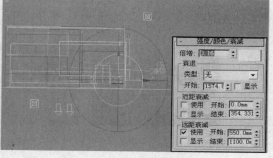

图 5-30

（30）在"渲染场景：默认扫描线渲染器"对话框中设置渲染尺寸为"1500×1125"，并对摄影机视图进行渲染，渲染后的最终效果如图 5-1 所示。

5.2　制作全封闭场景照明

实例目标

本例将打开素材文件，分别创建主光源和灯光带，并使用 Vray 渲染器表现夜景，完成全封闭场景照明的制作，最终效果如图 5-31 所示。

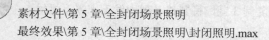

素材文件\第 5 章\全封闭场景照明
最终效果\第 5 章\全封闭场景照明\封闭照明.max

图 5-31

制作思路

本例的制作思路如图 5-32 所示，涉及的知识点有目标点光源和 Vray 灯光，这两个知识点都是本例的制作重点。

① 打开文件　　　　② 创建主光源　　　　③ 创建灯带光

图 5-32

操作步骤

（1）打开"材质完成.max"文件，在工具栏中的"选择过滤器"下拉列表框中选择"L-灯光"选项。

（2）在"创建"面板中单击"灯光"按钮，设置创建类别为"光度学"，单击"目标点光源"按钮，在前视图创建一盏目标点光源，将其移动到餐厅上方的筒灯所在位置，如图 5-33 所示。

（3）在顶视图中分别调整投影点和目标点的位置，如图 5-34 所示。

（4）在顶视图中将这盏灯光沿 X 轴先向左关联复制 3 盏，将其移动到天棚上其他筒灯所在位置，如图 5-35 所示。

（5）将该灯光在顶视图继续进行关联复制 3 盏，将其移动到沙发正上方天棚的各个筒灯所在位置，如图 5-36 所示。

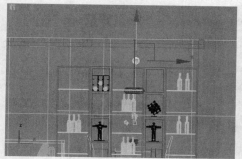
图 5-33

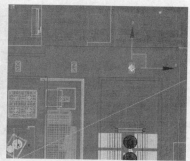
图 5-34

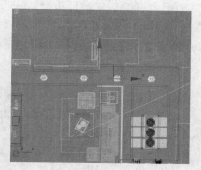
图 5-35

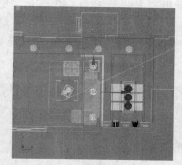
图 5-36

（6）在顶视图中将灯光关联复制 3 盏，分别移动到餐厅吊灯所在位置，如图 5-37 所示。

（7）激活左视图，将这 3 盏位于餐厅吊灯正上方的灯光沿 Y 轴向下移动到吊灯下方，如图 5-38 所示。

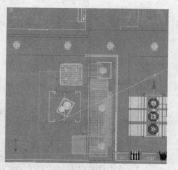
图 5-37

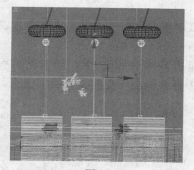
图 5-38

（8）在"常规参数"卷展栏的"阴影"栏中选中"启用"复选框，将阴影类型设置为"VR 阴影"，在"强度/颜色/分布"卷展栏中将分布的方式设置为"Web"，在"Web 参数"卷展栏中指定名为"经典筒灯.ies"的 Web 文件，设置灯光的结果强度为"3000cd"，如图 5-39 所示。

（9）单击工具栏的"快速渲染（产品级）"按钮对摄影机视图进行渲染，得到如图 5-40 所示效果。

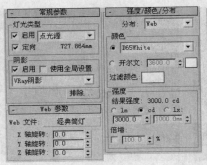 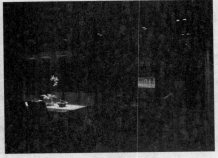

图 5-39 图 5-40

（10）此时需要进行补光，在灯光"创建"面板中设置创建类别为"Vray"，单击"VR灯光"按钮，在顶视图拖动创建一个 VR 灯光，如图 5-41 所示。

（11）激活前视图，将这盏灯光移动到客厅的正上方，使其位于天棚吊顶的位置，如图 5-42 所示。

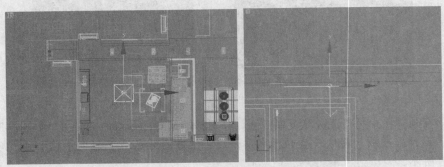

图 5-41 图 5-42

（12）在"修改"面板中设置倍增器为"10"，颜色为"淡黄色"，按如图 5-43 所示设置灯光参数，选中"不可见"复选框。

（13）单击工具栏上的"快速渲染（产品级）"按钮，对摄影机视图进行渲染，得到光度学灯光与 VR 灯光配合产生的直接照明效果，如图 5-44 所示。

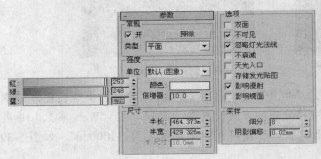 

图 5-43 图 5-44

（14）激活顶视图，按"B"键将其转换为底视图，单击"VR 灯光"按钮，在底视图中结合捕捉功能创建一盏 VR 灯光，如图 5-45 所示。

（15）激活左视图，将该灯光沿 Y 轴向上移动到天棚模型附近放置灯带的位置，单击"选择并旋转"按钮，在左视图将该灯光沿 Z 轴进行旋转，使其向着墙体方向进行照明，如图 5-46 所示。

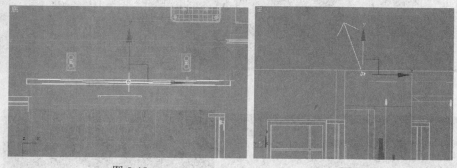

図 5-45　　　　　　　　　　　　　　図 5-46

（16）设置灯光颜色为"橙黄色"，强度为"10"，半长和半宽为"1535mm"和"40mm"，选中"不可见"复选框，取消选中"影响镜面"复选框，如图 5-47 所示。

（17）在底视图中一个 VR 灯光的左边再创建一个半长和半宽为"40mm"和"100mm"的 VR 灯光。

（18）复制一盏灯光到右边另一个小灯带的位置，在左视图中将这两盏灯光均调整到天棚灯带所在位置，分别旋转两盏灯光，使其向着中间位置进行照明，如图 5-48 所示。

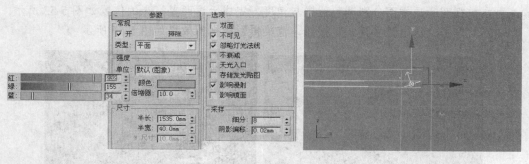

図 5-47　　　　　　　　　　　　　　図 5-48

（19）单击"快速渲染（产品级）"按钮，对摄影机视图进行渲染得到 3 个灯带的效果。

（20）在选择过滤器中设置选择全部、选择天棚，进入孤立模式，在底视图中结合捕捉功能在客厅顶部天棚的位置创建两个 VR 灯光，其参数保持不变，如图 5-49 所示。

（21）在前视图中将这两盏灯光沿 Y 轴向上移动到灯带所在位置，将两盏灯光分别在前视图和左视图进行旋转，使其均向客厅方向进行照明，完成后在底视图中观察效果，如图 5-50 所示。

（22）继续在视图中旋转另一盏灯，使其照明方向如图 5-51 所示。

（23）单击"快速渲染（产品级）"按钮，对摄影机视图进行渲染，此时可以看到在客厅顶部上也有了灯带效果，如图 5-52 所示。

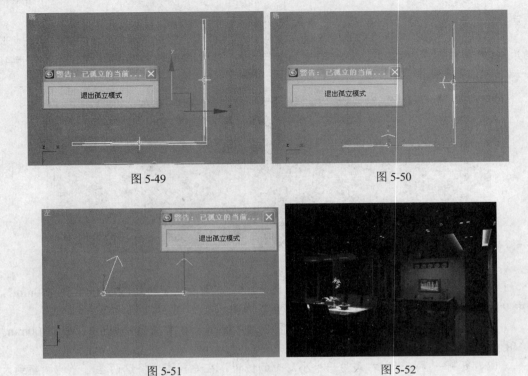

图 5-49   图 5-50

图 5-51   图 5-52

（24）孤立显示电脑墙，用同样的方法在左视图中完成电视墙位置处两条灯带灯光的创建，再在前视图和顶视图分别调整位置与角度，完成后这两盏灯光的位置如图 5-53 所示。

（25）单击"退出孤立模式"按钮，渲染摄影机视图效果如图 5-54 所示。

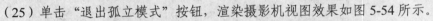

图 5-53   图 5-54

（26）在右视图中根据形象墙灯带模型的位置结合捕捉功能创建 5 盏 VR 灯光，如图 5-55 所示。

（27）进入顶视图，分别调整每盏灯光的角度，使其均向墙体外侧进行照明，如图 5-56 所示。

（28）在"修改"面板中设置倍增器为"5"，颜色为"橙黄色"，选中"不可见"和"影响漫射"复选框，如图 5-57 所示。

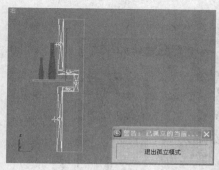
图 5-55

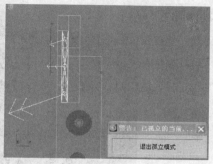
图 5-56

（29）用同样的方法在底视图餐厅天棚位置创建 3 盏 VR 灯光，再分别旋转使其向餐厅天花板方向照明，如图 5-58 所示。

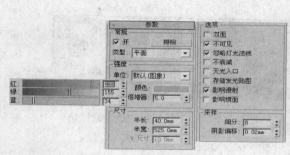
图 5-57

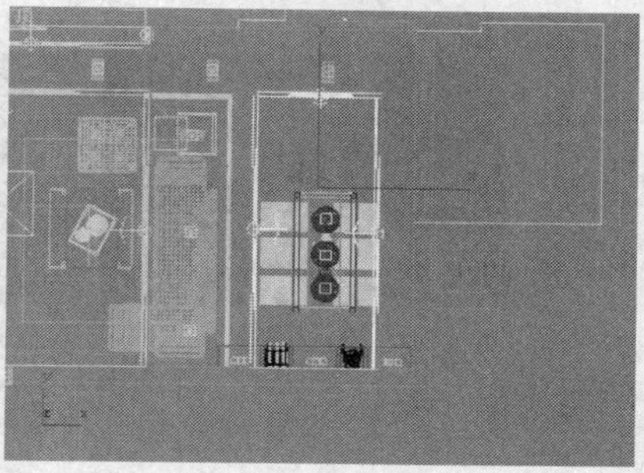

图 5-58

（30）在"修改"面板中将灯光强度调整到"8"，至此整个场景的布光基本完成，渲染摄影机视图得到布光完成后的最终效果，最终效果如图 5-31 所示。

5.3　制作黄昏场景照明

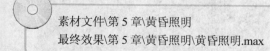
实例目标

本例将打开素材文件，进行模拟阳光和创建主光源的操作，并应用 VRay 渲染器叠灯照明的方法及技巧，完成卧室黄昏场景照明的制作，最后通过渲染后得到真实黄昏场景照明的效果，最终效果如图 5-59 所示。

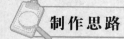
素材文件\第 5 章\黄昏照明
最终效果\第 5 章\黄昏照明\黄昏照明.max

制作思路

本例的制作思路如图 5-60 所示，涉及的知识点有目标点光源和 Vray 灯光，这两个知识点都是本例的制作重点。

图 5-59

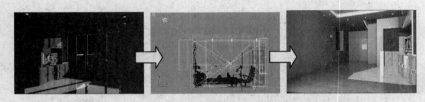

① 模拟阳光　　　　② 创建主光源　　　　③ 完成场景灯光

图 5-60

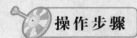

（1）打开"卧室材质.max"文件，激活顶视图。

（2）在"创建"面板中单击"月光"按钮，单击"目标平行光"按钮，在顶视图拖动创建一盏目标平行光，将其调整至如图 5-61 所示位置和方向。

（3）在前视图中调整这盏灯光的高度，使状态栏参数如图 5-62 所示，将场景中除主体框架以外的其他模型均隐藏起来。

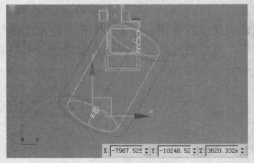

图 5-61

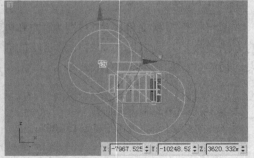

图 5-62

（4）在"常规参数"卷展栏中选中"阴影"栏中的"启用"复选框，设置阴影类型为"VRay

阴影"，倍增为"3"，在"平行光参数"卷展栏中设置聚光区/光束和衰减区/区域为"3000mm"和"4000mm"，将灯光颜色设置为"橙色"，如图 5-63 所示。

（5）按"F10"键，打开"渲染场景：V-Ray Adv 1.5 RC3"对话框，单击"渲染器"选项卡，取消选中"全局开关"卷展栏中的"默认灯光"和"光滑效果"两个复选框，如图 5-64 所示。

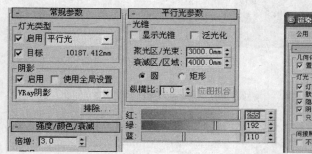

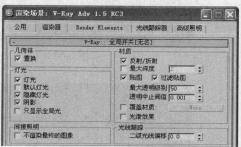

图 5-63　　　　　　　　　　　　　　　　　图 5-64

（6）按"F9"键进行测试渲染，效果如图 5-65 所示。

（7）选择落地门，按"Alt+Q"组合键将其孤立显示，在月光"创建"面板中设置创建类别为 VRay，单击"VR 灯光"按钮，在前视图中根据落地门的形状拖动创建一个 VR 灯光，如图 5-66 所示。

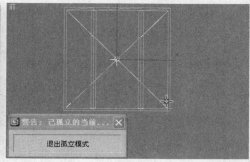

图 5-65　　　　　　　　　　　　　　　　　图 5-66

（8）关闭捕捉功能，在顶视图中将这盏灯光移动到落地门所在位置，如图 5-67 所示。

（9）进入"修改"面板，设置灯光强度为"2.5"，颜色为"淡橙色"，选中"不可见"复选框，取消选中"影响镜面"复选框，如图 5-68 所示。

（10）退出孤立模式，在顶视图中将 VR 灯光沿 Y 轴向下复制一盏，如图 5-69 所示。

（11）将复制后的 VR 灯光尺寸的半长设置为"1200mm"，颜色设置为"淡青色"，设置倍增器为"15"，如图 5-70 所示。

（12）在灯光"创建"面板中设置创建类别为"光度学"，单击"目标点光源"按钮，在前视图拖动创建一盏目标点光源，如图 5-71 所示。

（13）在顶视图中将这盏灯光移动到天棚横向筒灯模型的位置，如图 5-72 所示。

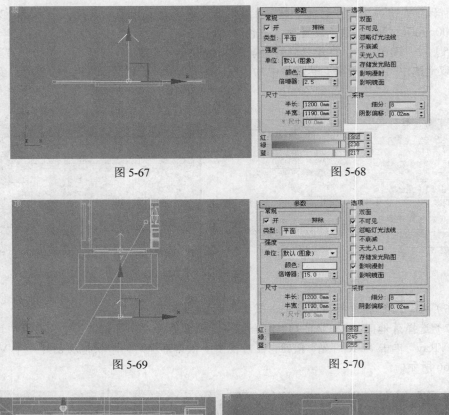

图 5-67   图 5-68

图 5-69   图 5-70

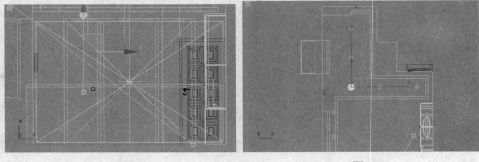

图 5-71   图 5-72

（14）将该目标点光源在顶视图中沿 Y 轴向上关联复制两盏，再将其沿 X 轴向右关联复制两盏，如图 5-73 所示。

（15）进入"修改"面板，选择一盏灯光，在"修改"面板的"常规参数"卷展栏的"阴影"栏中选中"启动"复选框，设置阴影类型为"VRay 阴影"，在"强度/颜色/分布"卷展栏中设置分步为"Web"，在"Web 参数"卷展栏中为其加载名为"经典筒灯.ies"的光域网文件，如图 5-74 所示。

（16）在前视图中调整 5 盏目标点光源的位置，如图 5-75 所示。

（17）结合捕捉功能在顶视图中根据天棚模型在床顶上方的位置创建一盏 VR 灯光，如图 5-76 所示。

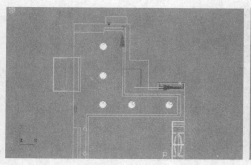

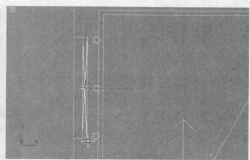

图 5-73　　　　　　　　　　　　　　　　图 5-74

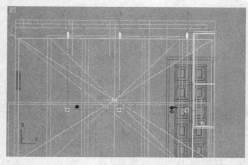

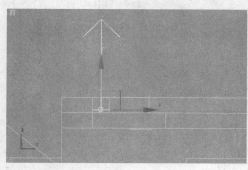

图 5-75　　　　　　　　　　　　　　　　图 5-76

（18）激活前视图，单击"镜像"按钮，将这盏灯光沿 Y 轴进行镜像，在镜像时不复制，将灯光调整到天棚上灯带空间靠上方的位置，如图 5-77 所示。

（19）单击"选择并旋转"按钮将灯光沿 Z 轴向左旋转 20°使灯光向着灯槽进行照明，如图 5-78 所示。

图 5-77　　　　　　　　　　　　　　　　图 5-78

（20）将灯光的颜色设置为"橙色"，设置倍增器为"3"，细分为"8"，阴影偏移为"0.02mm"，如图 5-79 所示。

（21）用步骤（14）～（20）的方法完成场景中其他灯带的设置，灯光的参数与前面创建的 VR 灯光参数相同，如图 5-80 所示。

（22）按"F9"快捷键对第 2 个摄影机视图进行渲染，渲染后的最终效果如图 5-59 所示。

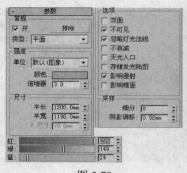
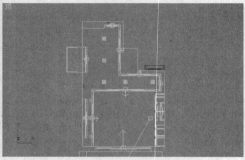

图 5-79   图 5-80

5.4   制作天光照明

实例目标

本例将打开素材文件，进行模拟天光的光照以及基本补光照明的操作，并应用小空间场景的天光照明及补光方法，完成卫生间天光照明的制作，最终效果如图 5-81 所示。

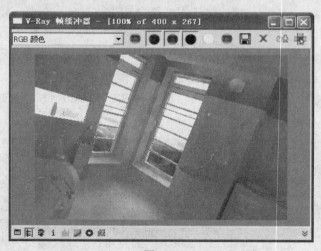

图 5-81

素材文件\第 5 章\天光照明
最终效果\第 5 章\天光照明\天光照明测试.max

制作思路

本例的制作思路如图 5-82 所示，涉及的知识点有目标平行光、背景制作和 VR 灯光补光，其中的目标平行光是本例的制作重点。

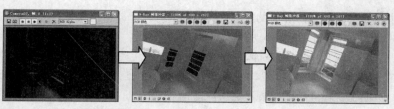

① 创建模拟天光的光照　　② 基本补光照明　　③ 完成场景布光

图 5-82

操作步骤

（1）打开"卫生间.max"文件，单击鼠标右键，在弹出的快捷菜单中选择【对象属性】命令，打开"对象属性"对话框，取消选中"接收阴影"和"投影阴影"两个复选框，单击"确定"按钮，如图 5-83 所示。

（2）在"创建"面板中单击"灯光"按钮，再单击"目标平行光"按钮，在顶视图中从左向右拖动，在窗口位置创建一盏目标平行光，在状态栏中设置灯光在 3 个轴向的位置，如图 5-84 所示。

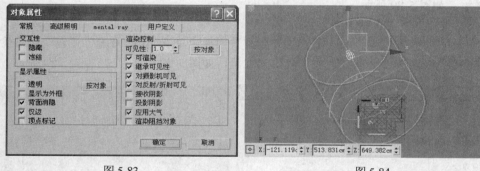

图 5-83　　　　　　　　　　　　　　　　　图 5-84

（3）选择目标平行光的目标点，在状态栏中设置 3 个轴向的位置，如图 5-85 所示。

（4）在"修改"面板中设置其颜色为"淡黄色"，设置其他参数如图 5-86 所示。

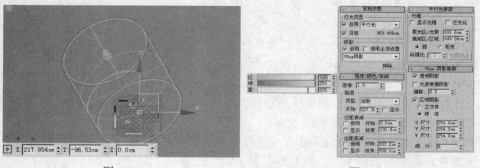

图 5-85　　　　　　　　　　　　　　　　　图 5-86

（5）按"F10"快捷键，打开"渲染场景：默认扫描线渲染器"对话框，在"指定渲染

器"卷展栏中单击"产品级"后面的"空白"按钮,打开"选择渲染器"对话框,选择"V-Ray Adv 1.5 RC3"选项,单击"确定"按钮,如图5-87所示。

(6)按"M"键打开"材质编辑器"对话框,其中已经有一个样本球被指定,该材质是默认材质,它被指定给所有的模型,将其漫反射颜色设置为"纯白色",如图5-88所示。

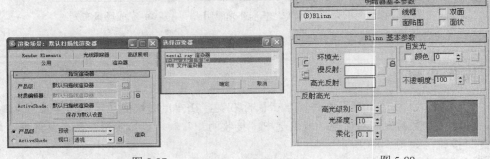

图 5-87   图 5-88

(7)按"F10"快捷键,打开"渲染场景:V-Ray Adv 1.5 RC3"对话框,单击"渲染器"选项卡,在"V-Ray::全局开关[无名]"卷展栏中取消选中"默认灯光"和"光滑效果"两个复选框,如图5-89所示。

(8)按"F9"键,快速对摄影机视图进行渲染。

(9)按"B"键切换到底视图,在"创建"面板中单击"VR灯光"按钮,在底视图拖动创建一盏VR灯光,在状态栏中设置灯光位置,如图5-90所示。

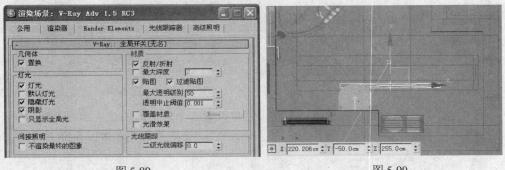

图 5-89   图 5-90

(10)进入"修改"面板,设置灯光颜色为"纯白色",倍增器为"4.0",将半长和半宽分别设置为"170cm"和"5cm",选中"不可见"复选框,取消选中"影响镜面"复选框,如图5-91所示。

(11)激活左视图,单击"选择并旋转"按钮,再单击"角度捕捉切换"按钮,将该灯光沿Z轴向左旋转30°,如图5-92所示。

(12)将VR灯光复制一盏,在左视图将其沿Z轴向右旋转30°,使其回到默认的方向,在底视图将其沿Z轴旋转90°,如图5-93所示。

(13)进入"修改"面板,将其半长设置为"100cm",其他参数不变,在状态栏中设置其具体位置,如图5-94所示。

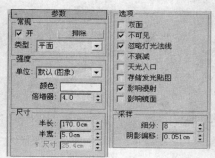

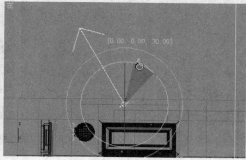

图 5-91　　　　　　　　　　　　　　　　　　图 5-92

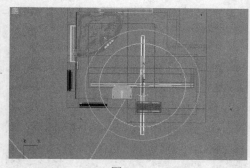

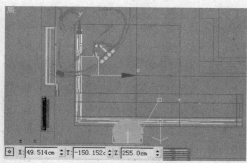

图 5-93　　　　　　　　　　　　　　　　　　图 5-94

（14）激活前视图，将其沿 Z 轴向左旋转 30°，保持位置不变，如图 5-95 所示。

（15）在前视图沿 Z 轴向右旋转 30° 复制，在底视图中将其沿 Z 轴旋转 90°，保持灯光的参数不变，将其移动到如图 5-96 所示位置。

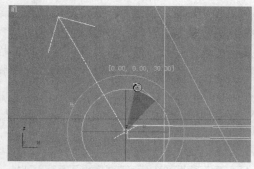

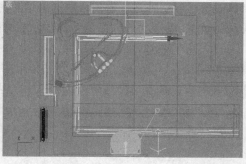

图 5-95　　　　　　　　　　　　　　　　　　图 5-96

（16）按 "Ctrl+V" 组合键在原位置复制一盏上一步创建的 VR 灯光，选择步骤（15）创建的 "VR 灯光 03"，在前视图中沿 Z 轴向右旋转 30°，选择 "VR 灯光 04"，将其在底视图中沿 Z 轴旋转 90°，如图 5-97 所示。

（17）进入 "修改" 面板，设置 VR 灯光的半长为 "75cm"，其他参数不变，在状态栏中设置其 3 个轴向上的位置，如图 5-98 所示。

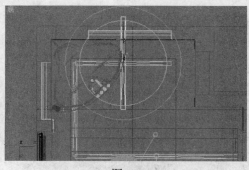 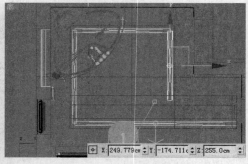

图 5-97   图 5-98

（18）用同样的方法再创建 5 盏 VR 灯光，分别调整其位置和角度到如图 5-99 所示效果。

（19）激活前视图，分别调整步骤（18）创建的 5 盏 VR 灯的位置和角度到如图 5-100 所示位置。

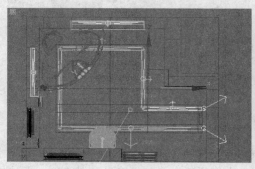 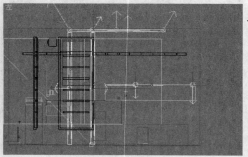

图 5-99   图 5-100

（20）完成场景布光，按"F10"快捷键打开"渲染场景：V-Ray Adv 1.5 RC3"对话框，在"V-Ray：：帧缓冲区"卷展栏中选中"启用内置帧缓冲区"复选框，在"V-Ray：：图像采样（反锯齿）"卷展栏的"图像采样器"栏中将类型设置为"固定"，如图 5-101 所示。

（21）在"V-Ray：：间接照明（GI）"卷展栏中选中"开"复选框，在"后处理"栏中设置饱和度为"1.0"，在"二次反弹"栏中设置倍增器为"0.88"，将首次反弹和二次反弹的全局光引擎均设置为"灯光缓冲"，如图 5-102 所示。

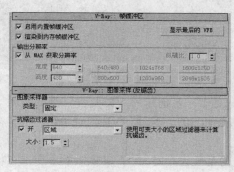 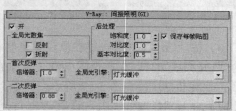

图 5-101   图 5-102

（22）在"V-Ray：：灯光缓冲"卷展栏的"计算参数"栏中设置细分为"200"，选中"显示计算状态"复选框，单击"渲染"按钮，如图 5-103 所示。

（23）对摄影机视图进行渲染，完成后得到如图 5-104 所示的低质量间接照明效果。

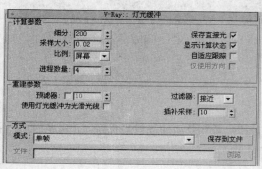

图 5-103

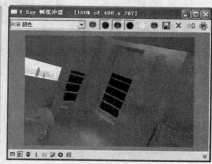

图 5-104

（24）此时场景的光照效果较暗，选择"窗帘"，将其隐藏，在"渲染场景：V-Ray Adv 1.5 RC3"对话框的"V-Ray：：环境[无名]"卷展栏中选中"开"复选框，将倍增器设置为"1.5"，如图 5-105 所示。

（25）选择"背景"，打开"材质编辑器"对话框，选择一个空白的样本球，命名为"背景"，将标准材质转换为 VR 灯光材质，在不透明度贴图通道加载位图贴图，指定位图为"background.tif"，单击"将材质指定给选定对象"按钮，如图 5-106 所示。

图 5-105

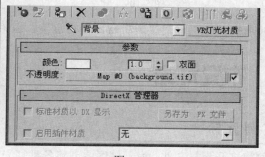

图 5-106

（26）选择"墙"，隐藏所有未选择的模型，进入其多边形子对象层级，选择多边形，在选择子物体时应该注意窗口内侧的几个多边形是不选择的，在"多边形属性"卷展栏中将 ID 号设置为"2"，如图 5-107 所示。

（27）按"Ctrl+I"组合键反选其他所有多边形，在"多边形属性"卷展栏中设置 ID 为"1"，如图 5-108 所示。

（28）在"材质编辑器"对话框中选择一个空白样本球，命名为"乳胶漆"，将标准材质转换为多维/子对象材质，打开"替换材质"对话框，单击"确定"按钮，单击"设置数量"按钮，将材质数量设置为"2"，将两个子材质均转换为 VRayMtl 材质，并分别命名为"白乳胶漆"和"蓝乳胶漆"，如图 5-109 所示。

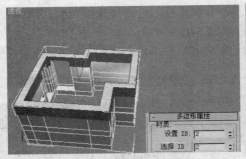

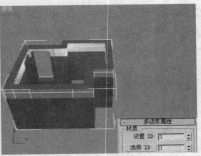

图 5-107   图 5-108

（29）设置白乳胶漆的漫射颜色为"白色"，蓝乳胶漆的漫射颜色为"淡蓝色"，如图 5-110 所示。

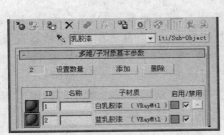

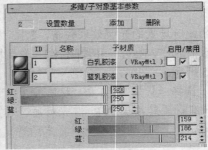

图 5-109   图 5-110

（30）按"F9"键对摄影机视图进行渲染，渲染后的最终效果如图 5-81 所示。

5.5 布置灯光

实例目标

本例将打开素材文件，为一栋房屋创建各种灯光，包括环境光、主光源和各种辅助光源，完成布置灯光的制作，最终效果如图 5-111 所示。

素材文件\第 5 章\布置灯光
最终效果\第 5 章\布置灯光\房屋.max

制作思路

本例的制作思路如图 5-112 所示，涉及的知识点创建平面和摄影机、VR 灯光材质和创建目标聚光灯以及泛光灯等，其中的创建目标聚光灯和泛光灯是本例的制作重点。

图 5-111

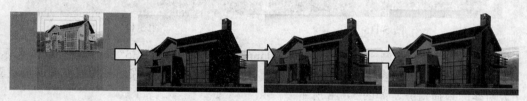

① 创建环境光　　　② 创建主光源　　　③ 创建辅助光源　　　④ 创建辅助光源

图 5-112

 操作步骤

（1）打开"别墅.max"文件，场景中的各模型已制作好了材质。

（2）创建一盏目标摄影机，结合顶视图、前视图和左视图调整摄影机的视点和目标点，如图 5-113 所示。

（3）激活透视图，按"C"键，将透视图中转换为摄影机视图。

（4）按"F10"快捷键打开"渲场场景 V-Ray Adv 1.5 RC3"对话框，设置宽度和高度分别为"500"和"615"，如图 5-114 所示。

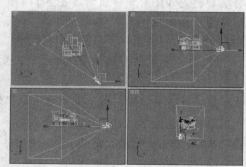

图 5-113

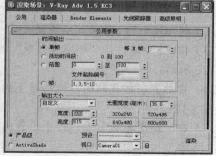

图 5-114

（5）保持摄影机视图为当前工作视图，按"Shift+F"组合键在该视图中显示视图框。

（6）在顶视图中创建一个足够大的平面作为别墅所在的地面，在左视图中将其捕捉对齐至别墅的底部，如图 5-115 所示。

（7）打开"材质编辑器"对话框，选择一个空白样本球，将漫反射颜色设置为"白色"，将该材质指定给平面，如图 5-116 所示。

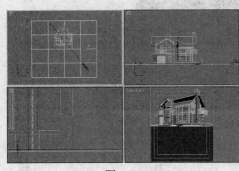

图 5-115   图 5-116

（8）在顶视图中绘制一个半径为"55000mm"，角度从45°到135°弧，如图 5-117 所示。

（9）使用"挤出"修改器将绘制的弧挤出"30000mm"，然后在前视图将其底部与步骤（6）创建的地面对齐，如图 5-118 所示。

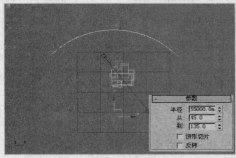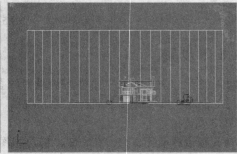

图 5-117   图 5-118

（10）选择一个空白样本球，并将标准材质转换为 VR 灯光材质，如图 5-119 所示。

（11）为"不透明度"贴图通道加载位图贴图，指定位图为"环境.tif"。

（12）将制作好的材质指定给步骤（9）创建的模型，将其用作模拟别墅所在的虚拟环境。

（13）按"8"键打开"环境和效果"对话框，为"环境贴图"贴图通道加载渐变贴图，如图 5-120 所示。

（14）拖动复制加载贴图后的按钮上的贴图至"材质编辑器"对话框中一个空白样本球上，如图 5-121 所示。

（15）在"渐变参数"卷展栏中设置颜色#1 和颜色#2 分别为"蓝色"和"淡蓝色"，如图 5-122 所示。

（16）激活摄影机视图，按"Shift+Q"组合键快速渲染场景，得到如图 5-123 所示的渲染效果。

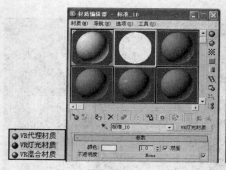

图 5-119

图 5-120

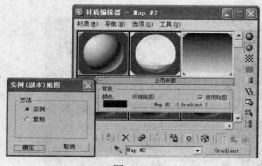

图 5-121

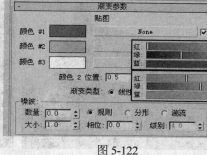

图 5-122

（17）创建一盏目标聚光灯作为场景的主光源，在各视图中调整聚光灯的方向，启用阴影并设置阴影类型为"VRay 阴影"，倍增为"0.5"，如图 5-124 所示。

图 5-123

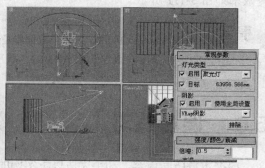

图 5-124

（18）按"F9"快捷键渲染摄影机视图，渲染后的效果如图 5-125 所示。

（19）创建一盏泛光灯作为场景辅助主光源，结合顶视图和左视图调整其位置并设置倍增为"0.2"，如图 5-126 所示。

（20）按"F9"快捷键渲染摄影机视图，观察发现渲染后别墅的右侧产生光照效果，如图 5-127 所示。

（21）复制一盏泛光灯，将其倍增设置为"0.1"，在顶视图中将其移动至目标聚光灯投射点的左侧，如图 5-128 所示。

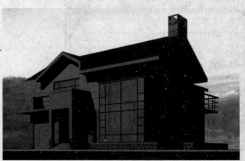

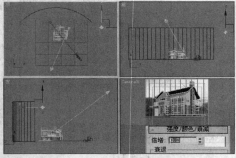

图 5-125   图 5-126

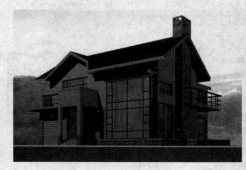

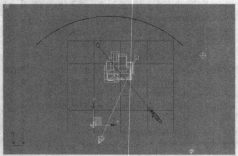

图 5-127   图 5-128

（22）按"F9"快捷键渲染摄影机视图，观察发现渲染后别墅的正面光照得到加强，最终效果如图 5-111 所示。

提示　　在 3ds Max 9.0 中，用好灯光阴影是一个优秀作品成功的关键，且产生的阴影尽量符合现实中阴影的表现效果。

5.6　课后练习

根据本章所学内容，动手完成以下实例的制作。

练习 1　制作窗户灯光

先导入素材文件，然后运用泛光灯和目标聚光灯等操作，为创建好的窗户模型创建目标聚光灯和泛光灯，通过渲染后完成如图 5-129 所示窗户灯光的制作。

素材文件\第 5 章\课后练习\练习 1
　最终效果\第 5 章\课后练习\练习 1\窗户.max、窗户.tif

图 5-129

练习 2　制作办公楼灯光

先导入素材文件，然后运用泛光灯和目标平行光等操作，为创建好的办公楼模型创建主光源和其他辅助光源，通过渲染后完成如图 5-130 所示办公楼灯光的制作。

素材文件\第 5 章\课后练习\练习 2
最终效果\第 5 章\课后练习\练习 2\办公楼.max、办公楼.tif

图 5-130

练习3　制作高层建筑灯光

　　先导入素材文件，然后运用泛光灯、缩放灯光和目标聚光灯等操作，为创建好的高层建筑模型创建目标聚光灯和泛光灯，通过渲染后完成如图 5-131 所示高层建筑灯光制作。

　　素材文件\第 5 章\课后练习\练习 3
　　最终效果\第 5 章\课后练习\练习 3\高层建筑.max、高层建筑.tif

图 5-131

练习 4　制作月光阁楼

先导入素材文件，然后运用自由面光源、泛光灯和目标聚光灯等操作，为创建好的阁楼模型模拟月光、落地灯，以及创建和添加各种补光，通过渲染后完成如图 5-132 所示月光阁楼的制作。

素材文件\第 5 章\课后练习\练习 4
最终效果\第 5 章\课后练习\练习 4\月光阁楼.max、月光阁楼.tif

图 5-132

练习 5　制作公厕灯光

先导入素材文件，然后运用 VR 灯光和存储贴图等操作，为创建好的公厕模型开启间接照明和天光，通过渲染后完成如图 5-133 所示公厕灯光的制作。

素材文件\第 5 章\课后练习\练习 5
最终效果\第 5 章\课后练习\练习 5\公厕.max、公厕.tif

图 5-133

练习 6　制作客厅灯光

先导入素材文件，然后运用 VR 灯光、间接照明、设置颜色映射等操作，为创建好的客厅模型创建各种灯光，通过渲染后完成如图 5-134 所示客厅灯光的制作。

素材文件\第 5 章\课后练习\练习 6
最终效果\第 5 章\课后练习\练习 6\客厅.max、客厅 tif

图 5-134

练习 7　制作现代厨房灯光

先导入素材文件，然后运用自由点光源、光域网、渲染器设置等操作，为创建好的厨房模型创建各种灯光和光源，通过渲染后完成如图 5-135 所示现代厨房灯光的制作。

素材文件\第 5 章\课后练习\练习 7
最终效果\第 5 章\课后练习\练习 7\现代厨房.max、现代厨房.tif

图 5-135

练习 8　制作组合沙发灯光

先导入素材文件，然后运用 VR 灯光和设置图像采样等操作，为创建好的沙发模型创建各种灯光和光源，通过渲染后完成如图 5-136 所示组合沙发灯光的制作。

素材文件\第 5 章\课后练习\练习 8

最终效果\第 5 章\课后练习\练习 8\组合沙发.max、组合沙发 tif

图 5-136

第 6 章

渲染场景

　　渲染是制作三维场景的最后一道工序（除了后期处理外），也是最终使图像符合三维场景的阶段。本章主要介绍 3ds Max 中最常用的渲染器 ——VRay，VRay 是目前业界最受欢迎的渲染引擎之一。基于 VRay 内核开发的有 VRay for 3ds max 等诸多版本，为不同领域的优秀三维建模软件提供了高质量的图片和动画渲染。本章将以 7 个制作实例来介绍在 3ds Max 9.0 中进行一些场景渲染的相关操作。

本章学习目标：
　　📖　渲染输出客厅效果
　　📖　渲染卧室黄昏效果
　　📖　渲染阳光厨房
　　📖　渲染天光卫生间
　　📖　渲染输出别墅效果
　　📖　办公楼布光及渲染
　　📖　渲染输出大楼效果

6.1　渲染输出客厅效果

实例目标

　　本例将打开素材文件，使用 V-Ray Adv 1.5 RC3 渲染器，对其中的各种渲染参数进行设置，完成客厅效果的渲染，通过渲染后得到真实客厅的效果，最终效果如图 6-1 所示。

　　素材文件\第 6 章\渲染客厅效果
　　最终效果\第 6 章\渲染客厅效果\封闭渲染.max、C1 型客厅最终渲染效果.tga

制作思路

　　本例的制作思路如图 6-2 所示，涉及的知识点有光滑效果、抗锯齿类型和测试渲染设置，其中光滑效果和测试渲染设置是本例的制作重点。

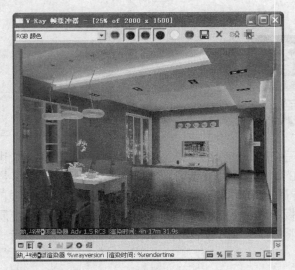

图 6-1

① 初步渲染效果　　　② 最终计算的效果　　　③ 最终场景渲染

图 6-2

 操作步骤

（1）打开"封闭照明.max"文件，按"F10"键打开"渲染场景：V-Ray Adv 1.5 RC3"对话框，在"公用"选项卡的"公用参数"卷展栏中单击"输出大小"栏中的"锁定"按钮，将宽度和高度分别设置为"400"和"300"，如图 6-3 所示。

（2）单击"渲染器"选项卡，在"V-Ray：：帧缓冲区"卷展栏中选中"启用内置帧缓冲区"复选框，在"V-Ray：：全局开关[无名]"卷展栏中取消选中"默认灯光"和"光滑效果"复选框，如图 6-4 所示。

（3）选中"覆盖材质"复选框，单击后面的"None"按钮，指定一个 VRayMtl 材质，如图 6-5 所示，将覆盖材质后面的按钮拖动到一个空白的样本球上。

（4）将该材质名称改为"白网格"，将漫射颜色设置为"纯白色"，单击漫射后面的空白按钮，在打开的"材质/贴图浏览器"对话框中加载 VRay 边纹理贴图，将颜色设置为"纯黑色"，厚度为"0.5"像素，如图 6-6 所示。

（5）展开"V-Ray：：图像采样（反锯齿）"卷展栏，在"图像采样器"中将类型设置为"固定"，取消选中"抗锯齿过渡器"栏中的"开"复选框，其他参数保持不变，如图 6-7 所示。

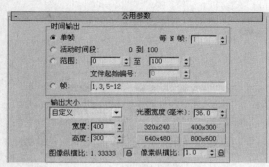

图 6-3

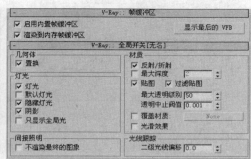

图 6-4

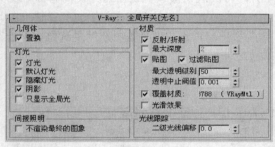

图 6-5

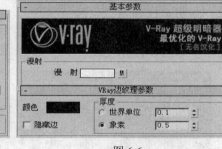

图 6-6

（6）展开 "V-Ray：：间接照明（GI）"卷展栏，选中 "开"复选框，将 "后处理"栏中的饱和度设置为 "0.6"，将 "二次反弹"栏中的倍增器设置为 "0.85"，将首次反弹和二次反弹的全局光引擎类型均设置为 "灯光缓冲"，如图 6-8 所示。

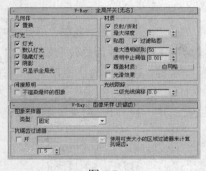

图 6-7

图 6-8

（7）在 "V-Ray：：灯光缓冲"卷展栏的 "计算参数"栏中设置细分为 "100"，选中 "显示计算状态"复选框，单击 "渲染"按钮，如图 6-9 所示。

（8）对摄影机视图进行渲染。

（9）在 "V-Ray：：颜色映射"卷展栏中设置类型为 "指数"，其他参数保持不变，单击 "渲染"按钮，如图 6-10 所示。

（10）完成渲染，可看到曝光过度的问题得到解决。

225

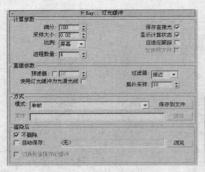

图 6-9 　　　　　　　　　　　　　　　　　图 6-10

（11）在"V-Ray：：颜色映射"卷展栏中将变暗倍增器设置为"2.8"，该值可以提高场景中暗部区域的亮度，一般设置为"2.0～4.0"，再次渲染摄影机视图得到提高暗部区域亮度的效果，如图 6-11 所示。

（12）在"V-Ray：：全局开关[无名]"卷展栏中取消选中"覆盖材质"复选框，单击"渲染"按钮，如图 6-12 所示。

图 6-11 　　　　　　　　　　　　　　　　　图 6-12

（13）打开"V-Ray 帧缓冲器"窗口，在其中单击"显示印记控制器"按钮，单击"应用印记"按钮，在左侧文本框中设置只显示 VRay 版本和渲染时间，渲染完成后的效果如图 6-13 所示。

（14）按"Ctrl+A"组合键选择所有模型，单击鼠标右键，在弹出的快捷菜单中选择【隐藏未选定物体】命令，以将 CAD 图全部隐藏起来。

（15）在顶视图中靠近左下角的落地窗转角的位置创建一段如图 6-14 所示的弧。

 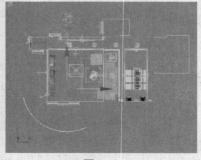

图 6-13 　　　　　　　　　　　　　　　　　图 6-14

（16）对弧使用"挤出"修改器，设置数量为"4000mm"，再次使用"法线"修改器，保持默认参数，在前视图中将该物体沿 Y 轴向下移动到整个场景的中间，如图 6-15 所示。

（17）打开"材质编辑器"对话框，选择一个空白样本球，将标准材质转换为 VR 灯光材质，设置强度为"2.0"，为其加载位图贴图，指定位图为"夜景背景.jpg"，如图 6-16 所示。

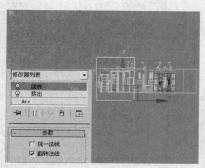

图 6-15　　　　　　　　　　　　　　　图 6-16

（18）在"渲染场景：V-Ray Adv 1.5 RC3"对话框中将"V-Ray：：灯光缓冲"卷展栏中的细分设置为"400"，单击"渲染"按钮，如图 6-17 所示。

（19）渲染完成后效果如图 6-18 所示，可看到灯光质量提高，但渲染时间加长。

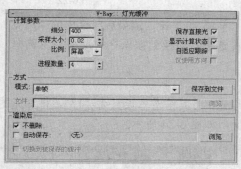

图 6-17　　　　　　　　　　　　　　　图 6-18

（20）单击"公用"选项卡，将输出大小的宽度和高度分别设置为"320"和"240"，如图 6-19 所示。

（21）在"渲染器"选项卡的"V-Ray：：间接照明（GI）"卷展栏中将首次反弹的全局光引擎设置为"发光贴图"，在"V-Ray：：灯光缓冲"卷展栏中将细分设置为"300"，如图 6-20 所示。

（22）在"方式"栏中将模式设置为"单帧"，单击"渲染后"栏中的"浏览"按钮，将文件以"封闭照明.vrlmap"为名进行保存，选中"切换到被保存的缓冲"复选框，如图 6-21 所示。

（23）在"V-Ray：：发光贴图[无名]"卷展栏的"当前预置"下拉列表框中选择"中"选项，再次单击该下拉列表框，重新选择"自定义"选项，将最小比率、最大比率和模型细分值分别设置为"–6"、"–5"和"20"，选中"显示计算状态"复选框，如图 6-22 所示。

图 6-19

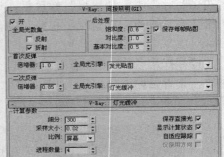

图 6-20

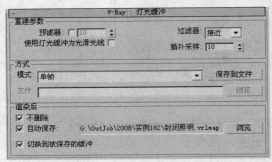

图 6-21

图 6-22

（24）在"方式"栏中将模式设置为"单帧"，单击"渲染后"栏中的"浏览"按钮，将文件以"封闭照明.vrmap"为名进行保存，选中"切换到被保存的贴图"复选框，单击"渲染"按钮，如图 6-23 所示。

（25）对摄影机视图进行渲染。

（26）选择客厅顶部作为主光的 VR 灯光，将其倍增器设置为"15"，将灯光的半长和半宽均设置为"550mm"，其他参数保持不变，如图 6-24 所示。

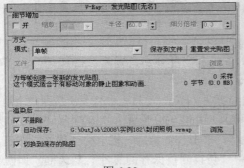

图 6-23

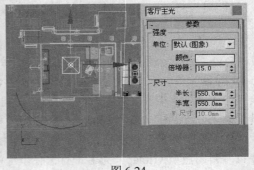

图 6-24

（27）将走廊天棚用于模拟筒灯照明最左边的灯光再复制一盏到走廊尽头的位置，如图 6-25 所示。

（28）激活左视图，在电视机的位置结合捕捉功能创建一盏 VR 灯光，使其与电视机屏幕相匹配，如图 6-26 所示。

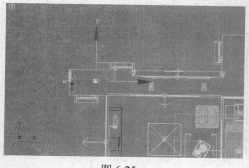
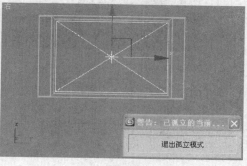

图 6-25　　　　　　　　　　　　　　　　图 6-26

（29）在前视图中将灯光沿 X 轴向左移动到电视机右侧的位置，再将其旋转以向着地面方向照明，在透视图中观察灯光的位置和方向，如图 6-27 所示。

（30）将灯光的颜色设置为"浅黄色"，强度设置为"10"，选中"不可见"复选框，取消选中"影响镜面"复选框，将"采样"栏中的细分设置为"20"，如图 6-28 所示。

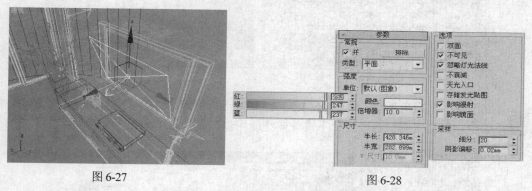

图 6-27　　　　　　　　　　　　　　　　图 6-28

（31）此时整个场景中天棚吊顶的白色乳胶漆不够白，在"材质编辑器"对话框中选中"乳胶漆-天棚"样本球，单击漫射右边的空白按钮，为其指定一个输出贴图，将输出量设置为"1.2"，如图 6-29 所示。

（32）从渲染效果可以看出，若将隔断的玻璃设置为磨沙玻璃的话效果会更加理想，选中"玻璃木纹"样本球，进入"玻璃1"子材质，在"折射"栏中设置光泽度为"0.7"，细分为"4"，如图 6-30 所示。

（33）在"渲染场景：V-Ray Adv 1.5 RC3"对话框中将"V-Ray：：发光贴图[无名]"和"V-Ray：：灯光缓冲"两个卷展栏的"方式"栏中的模式均设置为"单帧"，取消选中两个"渲染后"栏中的"自动保存"复选框，如图 6-31 所示。

（34）按"F9"快捷键对摄影机视图进行渲染，观察渲染效果，可以看到客厅和走廊尽头已经变亮，如图 6-32 所示。

（35）在视图中选择任意一个目标点光源，在"修改"面板"Vray：：阴影参数"卷展栏中将细分设置为"20"，这些灯光是关联复制的，因此设置一个即完成场景中所有主光源的阴影设置，如图 6-33 所示。

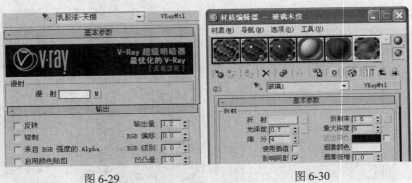

图 6-29   图 6-30

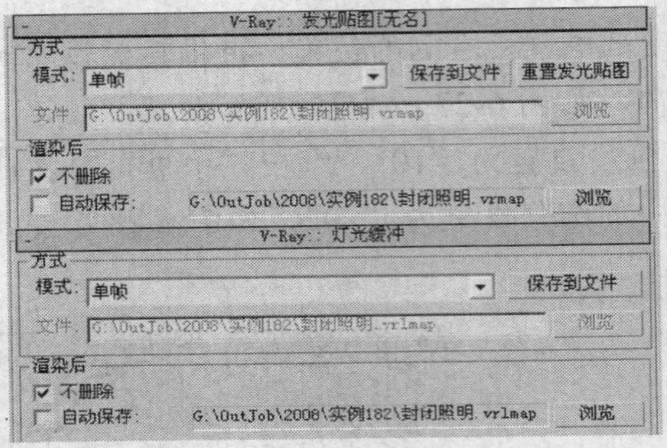

图 6-31    图 6-32

（36）在"渲染场景：V-Ray Adv 1.5 RC3"对话框中的"V-Ray：：全局开关[无名]"卷展栏中选中"间接照明"栏中的"不渲染最终的图像"复选框，如图 6-34 所示。

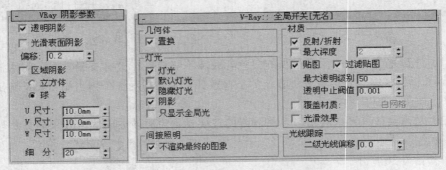

图 6-33   图 6-34

（37）在"V-Ray：：发光贴图[无名]"卷展栏中将"基本参数"栏中的最小比率、最大比率和模型细分分别设置为"-3"、"-2"和"50"，如图 6-35 所示。

（38）在"V-Ray：：灯光缓冲"卷展栏中设置细分为"800"。

（39）在"V-Ray：：发光贴图[无名]"和"V-Ray：：灯光缓冲"两个卷展栏的"渲染后"栏中都选中"自动保存"复选框，如图 6-36 所示。

（40）按"F9"快捷键，此时系统开始首先计算灯光缓冲的采样，完成后再计算发光贴图的采样，如图 6-37 所示。

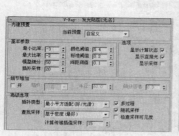

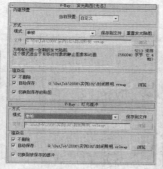

图 6-35　　　　　　　　图 6-36　　　　　　　　图 6-37

（41）此时 "V-Ray：：发光贴图[无名]" 和 "V-Ray：：灯光缓冲" 两个卷展栏的 "方式" 栏中的模式都自动地变成文件，并在下面的 "文件" 文本框中自动载入了文件的路径。

（42）在 "V-Ray：：全局开关[无名]" 卷展栏中取消选中 "不渲染最终的图像" 复选框，再选中 "光滑效果" 复选框，在 "V-Ray：：图像采样（反锯齿）" 卷展栏中将图像采样器设置为 "自适应细分"，选中 "抗锯齿过滤器" 栏中的 "开" 复选框，设置类型为 "Catmull-Rom"，如图 6-38 所示。

（43）单击 "公用" 选项卡，在 "公用参数" 卷展栏的 "输出大小" 栏中将宽度和高度分别设置为 "2000" 和 "1500"，在 "渲染输出" 栏中单击 "文件" 按钮，打开 "渲染输出文件" 对话框，将文件以 "C1 型客厅最终渲染效果.tga" 为名进行保存，如图 6-39 所示。

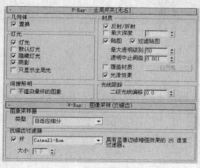

图 6-38　　　　　　　　　　　　　　图 6-39

（44）单击 "快速渲染（产品级）" 按钮，开始进行最终渲染，完成后自动以文件进行保存，完成本例制作，最终效果如图 6-1 所示。

6.2　渲染卧室黄昏效果

实例目标

本例将打开素材文件，使用 V-Ray Adv 1.5 RC3 渲染器，对其中的在黄昏场景下的渲染参数进行设置，完成卧室效果的渲染，通过渲染后得到真实卧室黄昏的效果，不同角度的最终效果如图 6-40 所示。

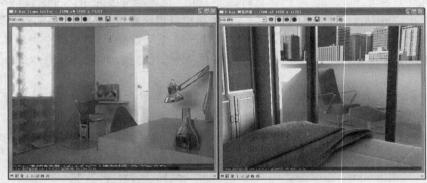

图 6-40

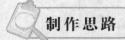

素材文件\第 6 章\卧室黄昏效果
最终效果\第 6 章\卧室黄昏效果\黄昏表现.max、角度 1.tga、角度 2.tga、角度 3.tga、角度 4.tga

制作思路

本例的制作思路如图 6-41 所示，涉及的知识点有 VRay 渲染器的基本控制、光照引擎的使用、多相机渲染和批处理渲染，其中光照引擎的使用和批处理渲染是本例的制作重点。

① 设置渲染参数　　② 初步计算的效果　　③ 批处理渲染

图 6-41

操作步骤

（1）打开"封闭照明.max"文件，按"F10"快捷键打开"渲染场景：V-Ray Adv 1.5 RC3"对话框，在"公用"选项卡的"公用参数"卷展栏中单击"输出大小"栏中的"锁定"按钮，将宽度和高度分别设置为"400"和"300"。

（2）单击"渲染器"选项卡，在"V-Ray：：帧缓冲区"卷展栏中选中"启用内置帧缓冲区"复选框，在"V-Ray：：全局开关[无名]"卷展栏中取消选中"默认灯光"和"光滑效果"复选框。

（3）在"V-Ray：：全局开关[无名]"卷展栏中选中"覆盖材质"复选框，单击后面的空白按钮，加载 VRayMtl 材质，将添加材质的按钮拖动到"材质编辑器"对话框中的一个空白的样本球上。

（4）将该材质名称改为"白网格"，将漫射颜色设置为"纯白色"，单击漫射后面的空白按钮，在打开的"材质/贴图浏览器"对话框中加载 VR 边纹理贴图，将颜色设置为"纯黑色"，厚度为"0.5"像素。

（5）在"渲染效果：V-Ray Adv 1.5 RC3"对话框中展开"V-Ray：：图像采样（反锯齿）"卷展栏，在"图像采样器"中将类型设置为"固定"，取消选中"抗锯齿过渡器"栏中的"开"复选框，其他参数保持不变。

（6）展开"V-Ray：：间接照明（GI）"卷展栏，选中"开"复选框，将"后处理"栏中的饱和度设置为"0.6"，将"二次反弹"栏中的倍增器设置为"0.85"，将首次反弹和二次反弹的全局光引擎类型均设置为"灯光缓冲"。

（7）此时在渲染面板中将会出现"V-Ray：：灯光缓冲"卷展栏，将该卷展栏的"计算参数"栏中的细分设置为"200"，选中"显示计算状态"复选框，单击"渲染"按钮，如图 6-42 所示。

（8）对摄影机视图进行渲染，得到最初的间接照明效果。

（9）此时场景较亮，在"材质编辑器"对话框中选中"白网格"样本球，将 VRayMtl 材质转换为 VR 材质包裹器材质，将产生全局照明设置为"0.5"，如图 6-43 所示。

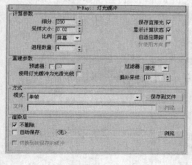

图 6-42

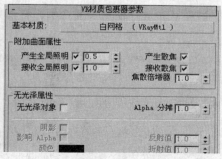

图 6-43

（10）按"F9"键渲染效果，观察发现场景变暗，仅仅是阳光较强。

（11）在"渲染效果：V-Ray Adv 1.5 RC3"对话框的"V-Ray：：全局开关[无名]"卷展

栏中取消选中"覆盖材质"复选框，渲染效果如图6-44所示。

（12）此时场景中色彩溢出严重，且饱和度太高，在"V-Ray：：间接照明（GI）"卷展栏中将"后处理"栏中的饱和度设置为"0.5"，如图6-45所示。

图6-44   图6-45

（13）再次进行渲染得到如图6-46所示效果，单击渲染窗口中的"显示印记控制器"按钮，再单击"应用印记"按钮，在左侧的文本设置仅显示VRay版本和渲染时间。

（14）在"材质编辑器"对话框中选择"衣柜木纹"样本球，将VRayMtl材质转换为VR材质包裹器材质，产生全局照明设置为"0.5"，如图6-47所示。

图6-46   图6-47

（15）用同样的方法将"木纹-地板"、"暖色乳胶漆"和"红布"3个材质都转换为VR材质包裹器材质，产生全局照明都设置为"0.5"，如图6-48所示。

（16）按"F9"快捷键进行渲染，渲染完成后查看效果发现色溢的问题解决。

（17）在顶视图中选择目标平行光，在"修改"面板中将灯光的颜色修改为"淡橙色"，选中"远距衰减"栏中的"使用"复选框，将结束设置为"30000"，将倍增设置为"4"，其他参数暂时保持不变，如图6-49所示。

图6-48   图6-49

（18）选择窗口位置的 VR 灯光，将灯光颜色设置为"淡黄色"，倍增器设置为"1.4"，如图 6-50 所示。

（19）选择阳台外面的 VR 灯光，将灯光颜色设置为"淡蓝色"，倍增器设置为"18"，如图 6-51 所示。

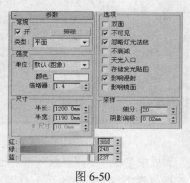 

图 6-50　　　　　　　　　　　　　　　　　图 6-51

（20）按"F9"快捷键进行渲染，完成灯光的修改。

（21）此时渲染速度较快，切换到第 2 个摄影机视图，再次进行渲染。

（22）切换到第 3 个摄影机视图，按"F9"快捷键进行渲染，此时可看到目标平行光在墙体上产生的较强烈光照。

（23）选择【复制】/【合并】命令，将制作好材质的窗帘模型合并到场景中，将其移动到飘窗位置，如图 6-52 所示。

（24）按"F9"快捷键，对第 3 个摄影机的视图进行渲染，此时阳光因为窗帘的遮挡，在墙上产生较柔和的光照。

（25）在图形"创建"面板中单击"弧"按钮，在顶视图中如图 6-53 所示位置绘制一段弧，将其命名为"背景 01"。

 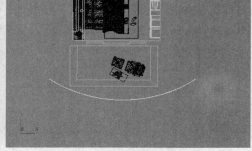

图 6-52　　　　　　　　　　　　　　　　　图 6-53

（26）进入"修改"面板，对弧使用"挤出"修改器，将数量设置为"5000mm"，再次使用"法线"修改器，保持默认参数，在左视图中将创建的模型沿 Y 轴向下移动到整个场景的中间，如图 6-54 所示。

（27）在"材质编辑器"对话框中为模型指定一个空白样本球，将标准材质转换为 VR 灯光材质，为透明度贴图通道加载位图贴图并指定位图为"城市背景.jpg"，用步骤（25）和

（26）的方法在飘窗的位置创建一个名为"背景02"的模型，将刚制作的材质指定给它，如图 6-55 所示。

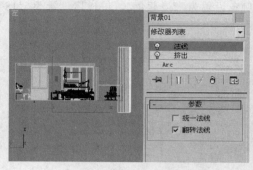
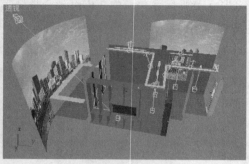

图 6-54 　　　　　　　　　　　　　　　　　　图 6-55

（28）选择场景中的目标平行光，在"修改"面板中单击"常规参数"卷展栏中的"排除"按钮打开"排除/包含"对话框，在左侧列表框中选择步骤（27）创建的两个模型，单击"移入"按钮将其移动到右侧列表框中，单击"确定"按钮使该灯光不对这两个模型产生照明，如图 6-56 所示。

（29）使用步骤（28）相同的方法使阳台外的 VR 灯光也不对两个背景模型产生照明，按"F9"快捷键渲染第 1 个摄影机的视图。

（30）完成各种参数和材质的基本调整，此时需设置较高参数进行灯光及材质的调整，在"渲染场景: V-Ray Dav 1.5 RC3"对话框的"V-Ray::灯光缓冲"卷展栏中设置细分为"500"，如图 6-57 所示。

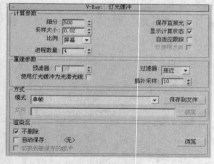

图 6-56 　　　　　　　　　　　　　　　　　　图 6-57

（31）按"F9"快捷键进行渲染，可发现窗口位置的光照显示不正常。

（32）选择窗口位置的 VR 灯光，将其颜色设置为"淡青色"，倍增器设置为"1.4"，按"F9"键进行渲染，如图 6-58 所示。

（33）单击"公用"选项卡，将输出大小的宽度和高度分别设置为"320"和"240"，如图 6-59 所示。

（34）单击"渲染器"选项卡，在"V-Ray::间接照明（GI）"卷展栏中将首次反弹的全局光引擎设置为"发光贴图"，在"V-Ray::灯光缓冲"卷展栏中将细分设置为"300"，如图 6-60 所示。

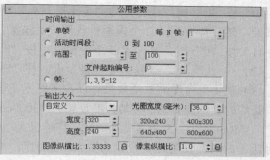

图 6-58 　　　　　　　　　　　　　　　　图 6-59

（35）在"V-Ray：：发光贴图[无名]"卷展栏中的"当前预置"下拉列表框中选择"中"选项，再重新选择"自定义"类型，将"基本参数"栏中的最小比率、最大比率和模型细分分别设置为"–4"、"–3"和"30"，选中"显示计算状态"复选框，如图 6-61 所示。

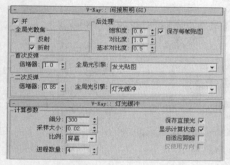

图 6-60 　　　　　　　　　　　　　　　　图 6-61

（36）按"F9"快捷键对第 1 个摄影机视图进行渲染，观察可见阴影区域不正常。

（37）激活第 2 个摄影机视图，单击"快速渲染（产品级）"按钮进行渲染。

（38）为了使表现更有说服力，再创建一个观察角度来表现这个场景，从床被向阳台躺椅方向创建一个摄影机，如图 6-62 所示。

（39）阳光强度较高，且在白色乳胶漆墙体上的表现太强烈，选择目标平行光，将其倍增器设置为"9.0"，在"材质编辑器"对话框中选择"乳胶漆"样本球，将漫射上的输出贴图删除。再次进行渲染，得到正常效果，如图 6-63 所示。

图 6-62 　　　　　　　　　　　　　　　　图 6-63

（40）按"C"键，在打开的"选择摄影机"对话框中选择第 1 个摄影机，按"F9"键进行渲染，然后切换到第 2 个摄影机视图进行渲染。

（41）按"C"键，选择第 3 个摄影机，按"F9"键进行渲染。

（42）按"C"键，选择第 4 个摄影机，按"F9"键进行渲染。

（43）从 4 个角度的渲染效果可以看出灯光完全正常，现在可以最终计算，选择任意一盏模拟筒灯的目标点光源，将其强度设置为"3000cd"，其他参数不变，按"F10"键打开"渲染场景：V-Ray Adv 1.5 RC3"对话框，将输出大小的宽度和高度设置为"320"和"240"，在该对话框的底部设置渲染视口为"Camera01"，单击"渲染器"选项卡，在"V-Ray：：全局开关[无名]"卷展栏中选中"间接照明"栏的"不渲染最终的图像"复选框，如图 6-64 所示。

（44）在 "V-Ray：：发光贴图[无名]"卷展栏中将"基本参数"栏的最小比率、最大比率和模型细分分别设置为"−3"、"−1"和"50"，单击"方式"栏中的"保存到文件"按钮，如图 6-65 所示。

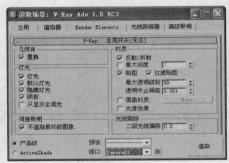

图 6-64

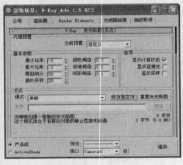

图 6-65

（45）在打开的"保存发光贴图"对话框中将文件以"角度 1.max"为名进行保存，此时该文件中没有任何内容。

（46）单击"渲染后"栏中的"浏览"按钮，打开"自动保持发光贴图"对话框，选择"角度 1.vrmap"文件，单击"保存"按钮，将原文件替换，如图 6-66 所示。

（47）在"渲染后"栏中选中"切换到保存的贴图"复选框。

（48）在"渲染场景：V-Ray Adv 1.5 RC3"对话框中将视口设置为"Camera02"，在"V-Ray：：发光贴图[无名]"卷展栏中单击"方式"栏中的"保存到文件"按钮，打开"保存发光贴图"对话框，将文件以"角度 2.vrmap"为名进行保存，如图 6-67 所示。

（49）单击"渲染后"栏中的"浏览"按钮，打开"自动保持发光贴图"对话框，选择"角度 2.vrmap"文件，单击"保存"按钮将原文件替换，选中"切换到保存的贴图"复选框。

（50）在"渲染场景：V-Ray Adv 1.5 RC3"对话框中将视口设置为"Camera03"，在"V-Ray：：发光贴图[无名]"卷展栏中单击"方式"栏中的"保存到文件"按钮，打开"保存发光贴图"对话框，将文件以"角度 3.vrmap"为名进行保存，单击"渲染后"栏中的"浏览"按钮打开"自动保持发光贴图"对话框，选择"角度 3.vrmap"文件，单击"保存"按钮将原文件替换，选中"切换到保存的贴图"复选框，如图 6-68 所示。

图 6-66　　　　　　　　　　　　　　　　　　图 6-67

（51）在"渲染场景：V-Ray Adv 1.5 RC3"对话框中将视口设置为"Camera04"，在"V-Ray：：发光贴图[无名]"卷展栏中单击"方式"栏中的"保存到文件"按钮打开"保存发光贴图"对话框，将文件以"角度 4.vrmap"为名进行保存，单击"渲染后"栏中的"浏览"按钮打开"自动保持发光贴图"对话框，选择"角度 4.vrmap"文件，单击"保存"按钮将原文件进行替换，选中"切换到保存的贴图"复选框，如图 6-69 所示。

图 6-68　　　　　　　　　　　　　　　　　　图 6-69

（52）将摄影机视口设置为"Camera01"，在"V-Ray：：灯光缓冲"卷展栏中将"计算参数"栏中的细分设置为"1000"，单击"方式"栏中的"保存到文件"按钮，打开"保存灯光缓冲"对话框，将文件以"角度 1.vrlmap"为名进行保存。

（53）单击"渲染后"栏中的"浏览"按钮打开"自动保持灯光贴图"对话框，选择"角度 1.vrlmap"文件，单击"保存"按钮将原文件替换，选中"切换到保存的贴图"复选框。

（54）将摄影机视口设置为"Camera02"，单击"保存到文件"按钮，将文件以"角度 2.vrlmap"为名进行保存，单击"浏览"按钮打开"自动保持灯光贴图"对话框，选择"角度 2.vrlmap"文件进行替换，选中"切换到保存的贴图"复选框。

（55）用同样的方法对第 3 和第 4 个摄影机的灯光缓冲文件进行保存，并且使用自动保存将其覆盖，在保存时注意文件名的序列与摄影机角度匹配。

（56）设置视口为"Camera01"，在"渲染场景：V-Ray Adv 1.5 RC3"对话框底部的"预设"下拉列表框中选择"保存预设"选项，在打开的"保存渲染预设"对话框中将文件以"角度 1 计算参数.rps"为名进行保存，如图 6-70 所示。

（57）单击"保存"按钮打开"选择预设类别"对话框，保持默认参数，单击"保存"

按钮，设置视口为"Camera02"，在"预设"下拉列表框中选择"保存预设"选项，在打开的"保存渲染预设"对话框中将文件以"角度2计算参数.rps"为名进行保存。

（58）在"渲染场景：V-Ray Adv 1.5 RC3"对话框中设置视口为"Camera03"，在"预设"下拉列表框中选择"保存预设"选项，在打开的"保存渲染预设"对话框中将文件以"角度3计算参数.rps"为名进行保存，在"渲染场景：V-Ray Adv 1.5 RC3"对话框中设置视口为"Camera04"，用同样的方法将其文件以"角度4计算参数.rps"为名进行保存，完成计算参数的设置。

（59）在视图中选择目标平行光，在"修改"面板中将其细分设置为"30"，如图6-71所示。

图6-70　　　　　　　　　　　　　　图6-71

（60）分别将所有VR灯光的细分设置为"25"，将目标点光源的细分设置为"30"，在"V-Ray：：全局开关[无名]"卷展栏中取消选中"不渲染最终的图像"复选框，再选中"光滑效果"复选框，在"V-Ray：：图像采样（反锯齿）"卷展栏中将图像采样器类型设置为自适应细分，选中"抗锯齿过滤器"栏中的"开"复选框，选择"Catmull-Rom"类型，如图6-72所示。

（61）设置视口为"Camera01"，在"V-Ray：：发光贴图[无名]"卷展栏的"方式"栏中设置模式为从文件，单击该栏中的"浏览"按钮，选择名为"角度1.vrmap"的发光贴图文件，如图6-73所示。

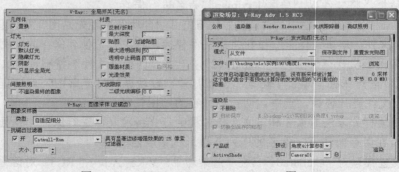

图6-72　　　　　　　　　　　　　　图6-73

（62）在"V-Ray：：灯光缓冲"卷展栏的"方式"栏中设置模式为"从文件"，单击该栏中的"浏览"按钮，选择名为"角度1.vrlmap"的灯光缓冲文件。

（63）在"渲染场景：V-Ray Adv 1.5 RC3"对话框底部的"预设"下拉列表框中选择"保存预设"选项，在打开的"保存渲染预设"对话框中将文件以"角度 1 渲染参数.rps"为名进行保存。

（64）在"渲染场景：V-Ray Adv 1.5 RC3"对话框中设置视口为"Camera02"，在"V-Ray：：发光贴图[无名]"卷展栏和"V-ray：：灯光缓冲"卷展栏的"文件"框中分别将"角度 1.vrmap"和"角度 1.vrlmap"修改为"角度 2.vrmap"和"角度 2.vrlmap"，在"预设"下拉列表框中选择"保存预设"选项，在打开的对话框中将文件以"角度 2 渲染参数.rps"为名将第 2 个摄影机视图的渲染参数进行保存。

（65）设置视口为"Camera03"，在"V-Ray：：发光贴图[无名]"卷展栏和"V-Ray：：灯光缓冲"卷展栏的"文件"文本框中分别将"角度 2.vrmap"和"角度 2.vrlmap"修改为"角度 3.vrmap"和"角度 3.vrlmap"，在"预设"下拉列表框中选择"保存预设"选项，在打开的对话框中将文件以"角度 3 渲染参数.rps"为名将第 3 个摄影机视图的渲染参数进行保存。

（66）设置视口为"Camera04"，在"V-Ray：：发光贴图[无名]"卷展栏和"V-Ray：：灯光缓冲"卷展栏的"文件"文本框中分别将"角度 3.vrmap"和"角度 3.vrlmap"修改为"角度 4.vrmap"和"角度 4.vrlmap"，将其以"角度 4 渲染参数.rps"为名将第 4 个摄影机视图的渲染参数进行保存。

（67）完成渲染参数设置，选择【渲染】/【批处理渲染】命令，打开"批处理渲染"对话框，单击"添加"按钮。

（68）继续单击"添加"按钮添加 8 个摄影机视口，如图 6-74 所示。

（69）选择添加的"View01"选项，在"选定批处理渲染参数"栏中将名称修改为"角度 1 光子图"，在"摄影机"下拉列表框中选择"Camera01"选项，在"预设值"下拉列表框中选择"角度 1 计算参数"选项，如图 6-75 所示。

（70）选择"View02"选项，在下面的"选定批处理渲染参数"栏中将名称修改为"角度 2 光子图"，在"摄影机"下拉列表框中选择"Camera02"选项，在"预设值"下拉列表框中选择"角度 2 计算参数"选项。

（71）用同样的方法设置 View03 和 View04。

（72）选择"View05"选项，将名称修改为"角度 1 渲染图"，对摄影机和预设值进行相应设置，以"角度 1.tga"为名输出保存，如图 6-76 所示。

图 6-74

图 6-75

图 6-76

（73）将 View06 的名称修改为"角度 2 渲染图"，对摄影机和预设值分别进行相应设置，将其以"角度 2.tga"为名输出保存。

（74）将 View07 的名称修改为"角度 3 渲染图"，对摄影机和预设值分别进行相应设置，将其以"角度 3.tga"为名输出保存。

（75）将 View08 的名称修改为"角度 4 渲染图"，对摄影机和预设值分别进行相应设置，将其以"角度 4.tga"为名输出保存，单击"渲染"按钮。

（76）打开"批处理渲染警告"对话框，单击"确定"按钮。

（77）系统依次对 8 个视口进行渲染，渲染后的最终效果如图 6-40 所示。

6.3　渲染阳光厨房

实例目标

本例将打开素材文件，使用 V-Ray Adv 1.5 RC3 渲染器，对其中的在阳光场景下的渲染参数进行设置，主要会应用到 VR 物理摄影机的焦距比数、快门速度和胶片速度控制场景照明，完成厨房效果的渲染，通过渲染后得到真实阳光厨房的效果，最终效果如图 6-77 所示。

图 6-77

素材文件\第 6 章\阳光厨房效果
最终效果\第 6 章\阳光厨房效果\阳光表现.max

制作思路

本例的制作思路如图 6-78 所示，涉及的知识点有 VRay 物理摄影机和发光贴图，其中 VRay 物理摄影机是本例的制作重点。

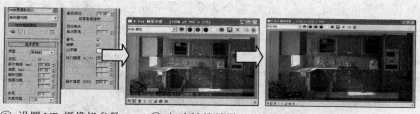

① 设置 VR 摄像机参数　　② 初步计算效果　　③ 最终渲染效果

图 6-78

（1）打开"材质表现.max"文件，按"F10"键打开"渲染场景：V-Ray Adv 1.5 RC3"对话框，在"公用"选项卡的"公用参数"卷展栏中将"输出大小"栏中的图像纵横比设置为"2.0"，按下"锁定"按钮 🔒，将宽度和高度分别调整为"450"和"225"。

（2）单击"渲染器"选项卡，在"V-Ray：：间接照明（GI）"卷展栏中将首次反弹的全局光引擎设置为发光贴图，在"V-Ray：：发光贴图[无名]"卷展栏的"当前预置"下拉列表框中选择"中"选项，再重新选择"自定义"选项，在"基本参数"栏中设置最小比率、最大比率和模型细分分别为"–4"、"–3"和"30"，选中"显示计算状态"复选框，如图 6-79 所示。

（3）在"V-Ray：：灯光缓冲"卷展栏中将细分设置为"500"，其他参数保持不变，如图 6-80 所示。

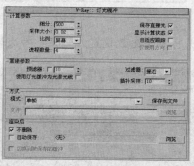

图 6-79　　　　　　　　　　　　　　图 6-80

（4）在摄影机视图名称上单击鼠标右键，在弹出的快捷菜单中选择【显示安全框】命令，如图 6-81 所示。

（5）观察 VR 物体摄影机视图，发现上下两边有一部分模型没有被显示出来，这是因为显示安全框功能限制了渲染图像的纵横比，如图 6-82 所示。

（6）按"F9"快捷键对摄影机视图进行渲染，完成后可以看到阳光的效果表现正常，如图 6-83 所示。

（7）选择 VR 物理摄影机，在"修改"面板中设置胶片速度为"300"，其他参数保持不变，如图 6-84 所示。

（8）对场景再次进行渲染，此时整个场景变得更明亮，但所花费的渲染时间更长，如图 6-85 所示。

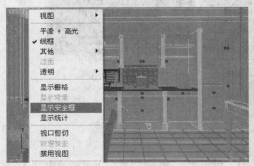

图 6-81   图 6-82

 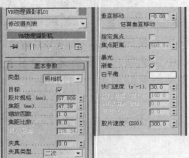

图 6-83   图 6-84

（9）将焦距比数设置为"6"，再次进行渲染，此时场景更加明亮，如图 6-86 所示。

 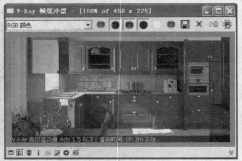

图 6-85   图 6-86

（10）打开"材质编辑器"对话框，在所有厨柜对应的样本球的反射贴图通道上加载衰减贴图，再次渲染场景，如图 6-87 所示。

（11）在"渲染场景：V-RayAdv1.5Rc3"对话框的"V-Ray：：全局开关[无名]"卷展栏中选中"间接照明"栏下的"不渲染最终的图像"复选框，在"V-Ray：：发光贴图[无名]"卷展栏中将"基本参数"栏的最小比率、最大比率和模型细分设置为"-3"、"-1"和"50"，如图 6-88 所示。

（12）在 "V-Ray:: 灯光缓冲" 卷展栏中设置细分为 "800"，将发光贴图和灯光缓冲的计算结果进行自动保存，并选中 "切换到保存的贴图" 复选框，单击 "渲染" 按钮计算光子图，如图 6-89 所示。

图 6-87

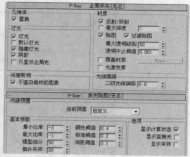

图 6-88

（13）单击 "公用" 选项卡，在 "公用参数" 卷展栏的 "输出大小" 栏中将宽度和高度分别设置为 "1500" 和 "750"，如图 6-90 所示，取消选中 "不渲染最终的图像" 复选框，选中 "光滑效果" 复选框。

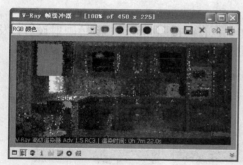

图 6-89

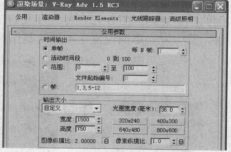

图 6-90

（14）在 "渲染器" 选项卡的 "V-Ray:: 图像采样（反锯齿）" 卷展栏中设置类型为 "细分"，按 "F9" 快捷键进行最终渲染，完成后将其以 "厨房.tga" 为名进行保存，最终效果如图 6-77 所示。

6.4　渲染天光卫生间

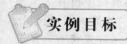
实例目标

本例将打开素材文件，使用 V-Ray Adv 1.5 RC3 渲染器，对照明、颜色和发光进行设置，主要会应用到曝光控制中的指数曝光控制、变暗倍增器和变亮倍增器的控制，完成天光卫生间效果的渲染，通过渲染后得到真实天光卫生间的效果，最终效果如图 6-91 所示。

素材文件\第 6 章\天光卫生间效果
最终效果\第 6 章\天光卫生间效果\卫生间最终.max

图 6-91

制作思路

本例的制作思路如图 6-92 所示,涉及的知识点有间接照明设置、颜色映射设置、发光贴图设置等,其中发光贴图设置是本例的制作重点。

① 设置间接照明　　　② 渲染发光贴图　　　③ 最终渲染效果

图 6-92

操作步骤

(1)打开"卫生间材质表现.max",按"F10"快捷键打开"渲染场景:V-Ray Adv 1.5 RC3"对话框,单击"渲染器"选项卡,在"V-Ray::全局开关[无名]"卷展栏中选中"间接照明"栏下的"不渲染最终的图像"复选框,在"V-Ray::间接照明(GI)"卷展栏中将首次反弹的全局光引擎设置为"发光贴图",在其下的卷展栏中将预设类型设置为"自定义",最小比率、最大比率和模型细分值分别设置为"–3"、"–1"和"50",选中"显示计算状态"复选框,如图 6-93 所示。

(2)在"方式"栏中将模式设置为单帧,单击"渲染后"栏中的"浏览"按钮,将文件以"卫生间天光.vrmap"为名进行保存,选中"切换到保存的贴图"复选框,如图 6-94 所示。

（3）在"V-Ray：：灯光缓冲"卷展栏中将细分值设置为"900"，其他参数保持不变，将文件以"卫生间天光.vrlmap"为名进行保存，选中"切换到被保存的缓冲"复选框，如图 6-95 所示。

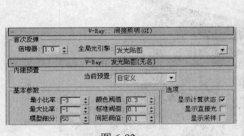

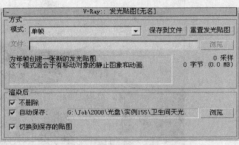

图 6-93　　　　　　　　　　　　　　　　图 6-94

（4）在"V-Ray：：环境[无名]"卷展栏中将天光的倍增器设置为"7.0"，在"V-Ray：：颜色映射"卷展栏中设置类型为"指数"，变暗倍增器和变亮倍增器值均为"2.3"，如图 6-96 所示。

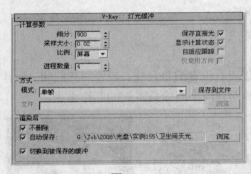

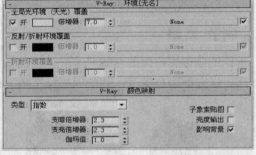

图 6-95　　　　　　　　　　　　　　　　图 6-96

（5）在"V-Ray：：图像采样（反锯齿）"卷展栏中设置类型设置为"自适应细分"，按"F9"键对摄影机视图进行渲染，完成后将自动保存发光贴图文件。

（6）将输出大小的宽度和高度设置为"1500"和"1001"，取消选中"不渲染最终的图像"复选框，按"F9"快捷键进行渲染得到最佳效果，渲染后的最终效果如图 6-91 所示。

6.5　渲染输出别墅效果

实例目标

本例将打开素材文件，使用 V-Ray Adv 1.5 RC3 渲染器，对照明色和发光进行设置，并保存发光贴图和渲染图像，完成别墅效果的渲染，通过渲染后得到真实别墅的效果，最终效果如图 6-97 所示。

素材文件\第 6 章\别墅效果\别墅.max
最终效果\第 6 章\别墅效果\别墅.max、别墅 1.tif、别墅 2.tif

图 6-97

 制作思路

本例的制作思路如图 6-98 所示，涉及的知识点有设置渲染尺寸、设置间接照明、保存发光贴图、保存渲染图像等，其中保存发光贴图和保存渲染图像是本例的制作重点。

① 开启间接照明　② 开启全局光　③ 最终渲染　④ 渲染通道

图 6-98

 操作步骤

（1）打开"别墅.max"文件，场景中的模型已制作好了材质，并创建了摄影机。

（2）按"F10"快捷键打开"渲染场景：V-Ray Adv 1.5 RC3"对话框，设置宽度为"400"，高度自动设置为"492"，如图 6-99 所示。

（3）单击"渲染器"选项卡，在"V-Ray：：全局开关[无名]"卷展栏中取消选中"默认灯光"复选框。

（4）在"V-Ray：：图像采样（反踞齿）"卷展栏中设置图像采样器的类型为"固定"。

（5）在"V-Ray：：间接照明（GI）"卷展栏中选中"开"复选框，设置二次反弹的倍增器为"0.8"。

（6）在"V-Ray：：发光贴图[无名]"卷展栏中先将当前预置设置为"自定义"，然后将"基本参数"栏中的最小比率和最大比率分别设置为"−5"和"−4"，如图 6-100所示。

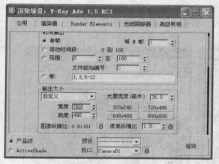
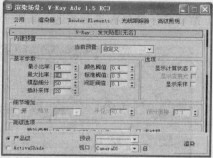

图 6-99　　　　　　　　　　　　　图 6-100

（7）按 "F9" 快捷键快速渲染场景，由于在步骤（5）中开启了间接照明，所以渲染后的效果图具有了光的通透感。

（8）在 "V-Ray：：环境[无名]" 卷展栏下选中 "全局光环境（天光）覆盖" 栏的 "开" 复选框，并设置倍增器为 "0.5"，如图 6-101 所示。

（9）按 "F9" 快捷键再次快速渲染场景，由于在步骤（8）中开启了全局光，所以渲染后的效果图具有明亮的光感。

（10）在 "V-Ray：：颜色映射" 卷展栏中将变暗倍增器和变亮倍增器都设置为 "1.2"，目的是增加明度，如图 6-102 所示。

图 6-101　　　　　　　　　　　　　图 6-102

（11）按 "F9" 快捷键再次快速渲染场景，观察发现渲染后的效果图明度得到了提高，灯光表现更加合理。

（12）在 "V-Ray：：发光贴图[无名]" 卷展栏中先选中 "自动保存" 和 "切换到保存的贴图" 复选框，然后单击 "浏览" 按钮，在打开的对话框中将文件以 "发光贴图.vrmap" 为名进行保存。

（13）按 "F9" 快捷键快速渲染场景，渲染后存储的文件自动切换到其对应卷展栏的 "方式" 栏中。

（14）单击 "公用" 选项卡，设置宽度和高度分别为 "3000" 和 "3690"。

（15）在 "V-Ray：：图像采样（反踞齿）" 卷展栏中设置图像采样器的类型为 "自适应细分"，抗踞齿过滤器为 "Catmull-Rom"，如图 6-103 所示。

（16）在 "V-Ray：：发光贴图[无名]" 卷展栏中先将当前预置设置为 "高"，单击 "渲染"

按钮。

（17）渲染后的最终效果如图6-104所示，单击"保存位图"按钮。

图6-103   图6-104

（18）在打开的对话框中将图像以"别墅1.tif"为名进行保存，如图6-105所示。

（19）在顶视图中分别选择"背景"和"地面"，如图6-106所示，使用右键菜单将选择的模型隐藏。

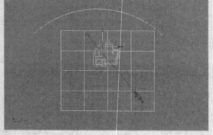

图6-105   图6-106

（20）在"渲染场景 V-Ray Adv 1.5 RC3"对话框的"V-Ray：：全局开关[无名]"卷展栏中取消选中"反射/折射"复选框，如图6-107所示。

（21）按"8"键打开"环境和效果"对话框，在"背景"栏中将背景颜色设置为"蓝色"，如图6-108所示。

图6-107   图6-108

（22）按"F9"快捷键进行渲染，并将渲染生成的图像以"别墅2.tif"为名进行保存，渲染后的最终效果如图6-97所示。

6.6 办公楼布光及渲染

实例目标

　　本例将打开素材文件，使用 V-Ray Adv 1.5 RC3 渲染器，对办公楼进行布光和渲染，用目标平行光模拟场景主体照明，用全局照明来控制辅助照明，完成办公楼效果的渲染，通过渲染后得到真实办公楼的效果，最终效果如图 6-109 所示。

图 6-109

　　素材文件\第 6 章\办公楼效果
　　最终效果\第 6 章\办公楼效果\布光及渲染.max

制作思路

　　本例的制作思路如图 6-110 所示，涉及的知识点有目标平行光、设置间接照明和准蒙特卡洛算法等，其中准蒙特卡洛算法是本例的制作重点。

① 创建主光源　② 创建间接照明　③ 最终渲染效果

图 6-110

 操作步骤

（1）单击"目标平行光"按钮，在顶视图拖动创建一盏目标平行光，打开"材质表现.max"文件，在灯光"创建"面板中放置其 3 个轴上的位置，如图 6-111 所示。

（2）单击鼠标右键，在弹出的快捷菜单中选择【选择灯光目标】命令，设置其 3 个轴上的位置，如图 6-112 所示。

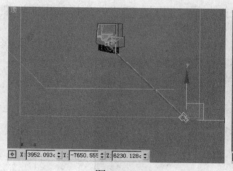

图 6-111

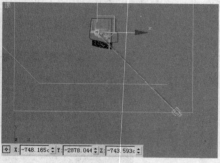

图 6-112

（3）进入"修改"面板，按如图 6-113 所示设置其参数。

（4）按"F9"快捷键渲染摄影机视图，观察灯光所产生的照明效果。

（5）选择"背面环境"，单击鼠标右键，在弹出的快捷菜单中选择【对象属性】命令，在打开的对话框中取消选中"投影阴影"复选框，如图 6-114 所示。

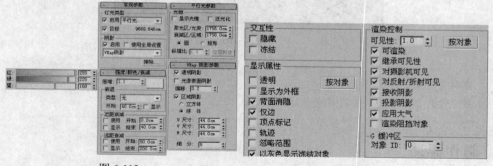

图 6-113

图 6-114

（6）按"F9"快捷键再次渲染，观察发现此时灯光产生了正确的照明。

（7）完成场景的布光，按"F10"键，在打开的对话框中单击"渲染器"选项卡，在"V-Ray：：全局开关[无名]"卷展栏中取消选中"默认灯光"和"光滑效果"两个复选框，如图 6-115 所示。

（8）在"V-Ray：：帧缓冲区"卷展栏中选中"启用内置帧缓冲区"复选框，展开"V-Ray：：图像采样（反锯齿）"卷展栏，在"图像采样器"栏中将类型设置为"固定"，如图 6-116 所示。

（9）展开"V-Ray：：间接照明（GI）"卷展栏，选中"开"复选框，将"后处理"栏中的饱和度设置为"0.9"，将"二次反弹"栏中的倍增器设置为"0.95"，将首次反弹和二次反弹的全局光引擎均设置为"灯光缓冲"，如图 6-117 所示。

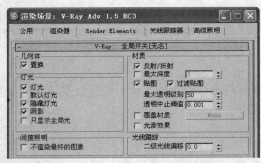

图 6-115

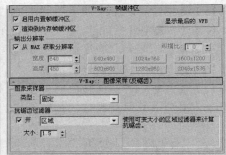

图 6-116

（10）在 "V-Ray::灯光缓冲" 卷展栏将 "计算参数" 栏中的细分设置为 "200"，选中 "显示计算状态" 复选框，如图 6-118 所示。

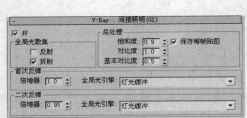

图 6-117

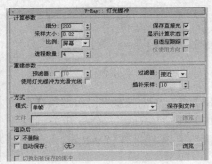

图 6-118

（11）按 "F9" 快捷键渲染摄影机视图，可以看到场景较上一次渲染更亮一些。

（12）在 "材质编辑器" 对话框中选择 "背景" 样本球，将 VR 灯光强度的强度设置为 "2.0"，如图 6-119 所示。

（13）再次按 "F9" 快捷键进行渲染，可以看到场景变得更亮。

（14）虽然画面亮了，但背景贴图颜色还是蓝色占主体，因此弧形墙被渲染成了蓝色，将 VR 灯光材质强度设置为 "1.0"，在 "渲染场景：V-Ray Adv 1.5 RC3" 对话框的 "V-Ray::环境[无名]" 卷展栏中选中 "全局光环境（天光）覆盖" 栏中的 "开" 复选框，将倍增器值设置为 "1.3"，颜色设置为 "淡蓝色"，如图 6-120 所示。

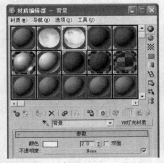

图 6-119

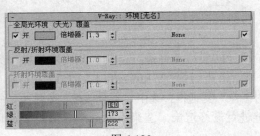

图 6-120

（15）选中"反射/折射覆盖"栏中的"开"复选框，在其后的贴图通道加载位图贴图，并指定位图为"天空背景.jpg"，在"V-Ray：：颜色映射"卷展栏中将变暗倍增器设置为"1.2"，选中"子像素贴图"和"亮度输出"复选框，如图 6-121 所示。

（16）按"F9"快捷键进行渲染。

（17）在"V-Ray：：间接照明（GI）"卷展栏中将首次反弹的全局光引擎设置为准蒙特卡洛算法，其他参数保持默认，如图 6-122 所示。

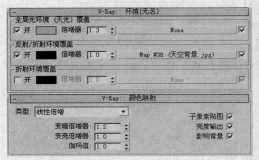

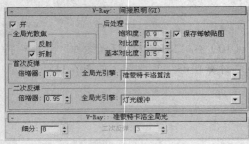

图 6-121   图 6-122

（18）按"F9"快捷键进行渲染，观察发现场景中阳光效果已经出现，但渲染速度比较慢。

（19）在"V-Ray：：全局开关[无名]"卷展栏中选中"间接照明"栏下的"不渲染最终的图像"复选框，在"V-Ray：：灯光缓冲"卷展栏中设置细分值为"800"，如图 6-123 所示。

（20）在"V-Ray：：灯光缓冲"卷展栏的"方式"栏中将模式设置为"单帧"，单击"渲染后"栏中的"浏览"按钮，将文件以"建筑渲染.vrlmap"为名进行保存，选中"切换到被保存的缓冲"复选框，如图 6-124 所示。

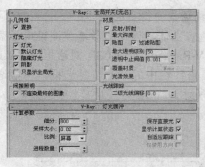

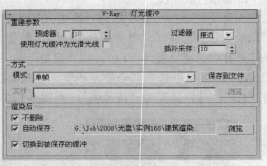

图 6-123   图 6-124

（21）按"F9"快捷键进行渲染，此次渲染将只计算并保存灯光贴图。

（22）在"渲染场景：V-Ray Adv 1.5 RC3"对话框中单击"公用"选项卡，取消选中"不渲染最终的图像"复选框，选中"光滑效果"复选框，将输出大小设置为"1200"和"1124"，按"F9"键进行最终渲染，渲染后的最终效果如图 6-109 所示。

6.7 渲染输出大楼效果

实例目标

本例将打开素材文件，使用 V-Ray Adv 1.5 RC3 渲染器，对大楼添加灯光和渲染，其中涉及制作材质的操作，完成大楼效果的渲染，通过渲染后得到真实大楼的效果，最终效果如图 6-125 所示。

图 6-125

素材文件\第 6 章\大楼效果
最终效果\第 6 章\大楼效果\房屋效果.max

制作思路

本例的制作思路如图 6-126 所示，涉及的知识点有制作材质、设置灯光、渲染等，其中渲染是本例的制作重点。

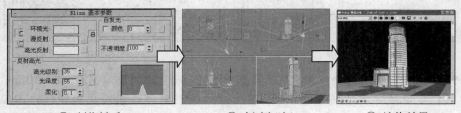

① 制作材质   ② 创建灯光   ③ 渲染效果

图 6-126

操作步骤

（1）打开 "房屋模型.max" 素材文件，选择左楼石墙部分，打开材质编辑器，选择一个空白材质示例窗，在 "Blinn 基本参数" 卷展栏中单击 按钮取消环境光和漫反射颜色锁定，设置环境光颜色的 RGB 值为 "67,96,112"，漫反射颜色的 RGB 值为 "188,198,204"，高光级别和光泽度都为 "25"，如图 6-127 所示。

（2）单击漫反射后的贴图按钮 ，为其添加 "砖饰-012.jpg" 贴图，单击 按钮将该材质指定给天花板，如图 6-128 所示。

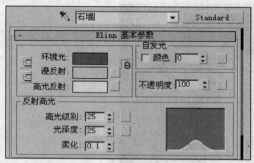

图 6-127

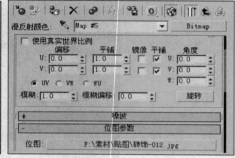

图 6-128

（3）选择右楼和高层各层之间的楼板，在材质编辑器中选择一个空白材质示例窗，设置漫反射和环境光为 "白色"，高光级别为 "5"，光泽度为 "25"，单击 按钮，将该材质指定给楼板，如图 6-129 所示。

（4）选择每个楼板下侧的楼板灯，设置漫反射和环境光颜色的 RGB 值为 "226,230,232"，高光级别和光泽度都为 "0"，在 "自发光" 栏的 "颜色" 数值框中输入 "100"，并为自发光添加 "ding.jpg" 贴图，如图 6-130 所示，将该材质指定给楼板灯。

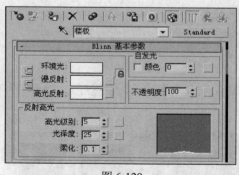

图 6-129

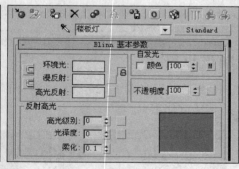

图 6-130

（5）选择大楼的玻璃墙，在材质编辑器中选择一个空白材质示例窗，在 "Blinn 基本参数" 卷展栏中设置环境光颜色的 RGB 值为 "34,98,134"，设置漫反射颜色的 RGB 值为 "108,150,174"，设置高光级别和光泽度分别为 "86" 和 "40"，在 "贴图" 卷展栏中选中 "漫反射颜色" 复选框，在其后的数值框中输入 "40"，为其贴图通道添加 "玻璃.JPG" 贴图，选中 "反射"复选框，在其后的数值框中输入"25"，在其贴图通道中添加光线跟踪贴图，如图 6-131 所示，将其指定给选择的透明玻璃墙。

（6）选择楼前的 T 形路，在材质编辑器中选择一个空白材质示例窗，为漫反射添加"室外地砖.jpg"贴图，如图 6-132 所示，单击 按钮将其指定给选定对象。

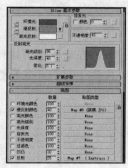
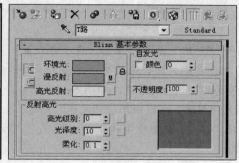

图 6-131   图 6-132

（7）选择楼层中的铝合金墙面和楼层交界体，在材质编辑器中选择一个空白材质示例窗，在"明暗器基本参数"卷展栏的下拉列表框中选择"（M）金属"选项，在"金属基本参数"卷展栏中设置漫反射颜色的 RGB 值为"206,214,220"，为漫反射添加平铺贴图，设置高光级别和光泽度分别为"50"和"55"，如图 6-133 所示，将材质指定给选定的对象。

（8）选择高层楼体的内部玻璃板，在材质编辑器中选择一个空白材质示例窗，在"明暗器基本参数"卷展栏的下拉列表框中选择"（A）各向异性"选项，在"各向异性基本参数"卷展栏中设置对应参数，在"贴图"卷展栏中设置"漫反射颜色"的数量为"50"，并添加"玻璃.JPG"贴图，设置"反射"的数量为"25"，并添加光线跟踪贴图，如图 6-134 所示，将材质指定给选定的对象。

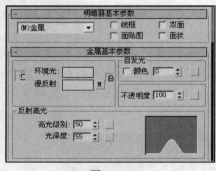

图 6-133   图 6-134

（9）选择大门处的金属梁和门框，在材质编辑器中选择一个空白材质示例窗，设置环境光颜色的 RGB 值为"171,182,188"，漫反射颜色的 RGB 值为"201,208,212"，设置高光级别和光泽度分别为"96"和"3"，如图 6-135 所示，将材质指定给选定对象。

（10）选择大门处的窗框，在材质编辑器中选择一个空白材质示例窗，设置环境光颜色的 RGB 值为"214,232,242"，高光级别和光泽度分别为"35"和"55"，如图 6-136 所示，将材质指定给选定对象。

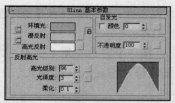
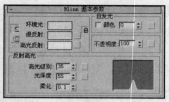

图 6-135　　　　　　　　　图 6-136

（11）在灯光"创建"面板中单击"自由平行光"按钮，在场景中创建自由平行光作为天光，在各视图中将其旋转到合适的角度，进入"修改"面板，对其参数进行设置，其中灯光颜色的 RGB 值为"255,250,225"，如图 6-137 所示。

（12）在灯光"创建"面板中单击"天光"按钮，在顶视图的合适位置创建天光，在"天光参数"卷展栏的"倍增"数值框中输入"0.4"，设置其天光颜色的 RGB 值为"230,230,255"，如图 6-138 所示。

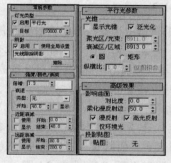
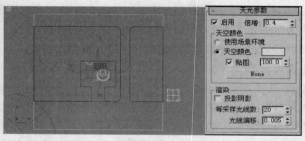

图 6-137　　　　　　　　　　　　图 6-138

（13）为了制作出建筑内部发光的效果，在建筑内部制作目标聚光灯，在灯光"创建"面板中单击"目标聚光灯"按钮，在场景中绘制目标聚光灯，在"修改"面板中设置其参数，其中颜色的 RGB 值为"255,250,225"，如图 6-139 所示。

（14）使用与步骤（13）相同的操作，制作其他 7 个目标聚光灯，在"强度/颜色/衰减"卷展栏中将其"倍增"数值均修改为"0.5"，并对其使用较深的且各不相同的颜色，作为辅助环境光源，在各视图中对其投射方向进行调整，使 8 个目标聚光灯的光都投向大楼底层中心位置，如图 6-140 所示。

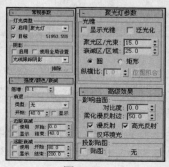
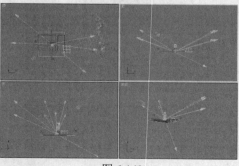

图 6-139　　　　　　　　　　　图 6-140

（15）在灯光"创建"面板中单击"目标平行光"按钮，在场景中绘制一个目标平行光，在"修改"面板中设置如图 6-141 所示参数，其中颜色的 RGB 值为"247,250,255"，移动灯光使其从楼底中心照向楼顶中心。

（16）在灯光"创建"面板中单击"泛光灯"按钮，在顶视图中绘制一个泛光灯，在"修改"面板中设置其参数，灯光颜色为"白色"，将其移动到合适的位置，复制一个泛光灯并将其移动到大楼的另一角，如图 6-142 所示。

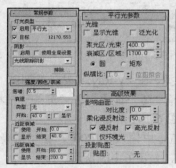
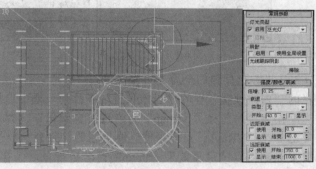

图 6-141　　　　　　　　　　　　　　　　　　图 6-142

（17）在摄影机"创建"面板中单击"目标"按钮，在顶视图中绘制一个目标摄影机，将透视图切换为摄影机视图，在其他视图中对其进行旋转和移动，如图 6-143 所示。

（18）在"修改"面板的"参数"和"景深参数"卷展栏中设置摄影机的参数如图 6-144 所示。

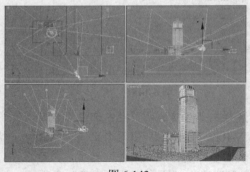

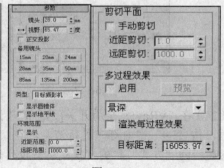

图 6-143　　　　　　　　　　　　　　　　　　图 6-144

（19）选择【渲染】/【渲染】命令，打开"渲染场景：默认扫描线渲染器"对话框，将其默认渲染器设置为 VRay 渲染器，在"公用参数"卷展栏的"输入大小"栏中将"宽度"和"高度"均设置为"1200"，如图 6-145 所示。

（20）单击"渲染器"选项卡，在"VRay：：帧缓冲区"卷展栏中选中"启用内置帧缓冲区"复选框，在"VRay：：间接照明（GI）"卷展栏中选中"开"复选框，将首次反弹和二次反弹的全局光引擎都设置为"灯光缓冲"，如图 6-146 所示。

（21）在"VRay：：灯光缓冲"卷展栏中设置细分为"200"，按"F9"键渲染场景，可以看出场景中的灯光效果已经基本达到要求，因此不需要再对场景进行添加灯光的操作。

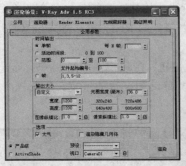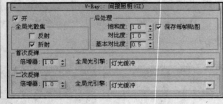

图 6-145　　　　　　　　　　图 6-146

（22）将首次反弹的全局光引擎修改为"发光贴图"类型，在"V-Ray：：发光贴图[无名]"卷展栏的"内建预置"栏的"当前预置"下拉列表框中选择"高"选项，在"渲染后"栏中将发光贴图以"房屋效果.vrmap"为名进行自动保存，如图 6-147 所示。

（23）在"VRay：：灯光缓冲"卷展栏的"细分"数值框中输入"1000"，在"渲染后"栏中将发光贴图以"房屋效果.vrlmap"为名进行自动保存，如图 6-148 所示。

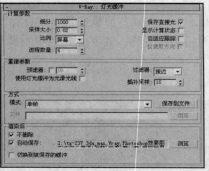

图 6-147　　　　　　　　　　图 6-148

（24）在"VRay：：全局开关[无名]"卷展栏的"间接照明"栏中选中"不渲染最终图像"复选框，按"F9"键对灯光进行渲染，在"V-Ray：：发光贴图[无名]"和"VRay：：灯光缓冲"卷展栏的"方式"栏的"模式"下拉列表框中都选择"从文件"选项，然后在"VRay：：全局开关[无名]"卷展栏的"间接照明"栏中取消选中"不渲染最终图像"复选框，按"F9"键对场景进行最终渲染，渲染后的最终效果如图 6-125 所示。

6.8　课后练习

根据本章所学内容，动手完成以下实例的制作。

练习1　渲染室外场景

先导入素材文件，然后为场景添加体积雾效果，最后再通过光线跟踪渲染器对其进行渲染，通过渲染后完成如图 6-149 所示室外场景的制作。

素材文件\第 6 章\课后练习\练习 1\室外.max
最终效果\第 6 章\课后练习\练习 1\室外.max

图 6-149

练习 2　制作汽车效果

先导入素材文件，然后使用 VRay 渲染器对场景中的模型指定材质和添加贴图，通过渲染后完成如图 6-150 所示汽车效果的制作。

素材文件\第 6 章\课后练习\练习 2\汽车.max
最终效果\第 6 章\课后练习\练习 2\汽车.max

图 6-150

练习3　用摄影机控制场景照明

先导入素材文件，然后在场景中创建一个摄影机，并通过摄影机控制场景照明的效果，渲染后完成如图 6-151 所示用摄影机控制场景照明的制作。

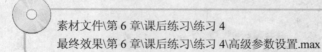

素材文件\第 6 章\课后练习\练习 3\ VR 摄影机场景.max

最终效果\第 6 章\课后练习\练习 3\ VR 摄影机场景.max

图 6-151

练习4　设置产品渲染效果

先导入素材文件，然后在场景中对高级场景参数进行设置，使场景得到更为真实和柔和的灯光效果，通过渲染后完成如图 6-152 所示产品渲染效果的制作。

素材文件\第 6 章\课后练习\练习 4

最终效果\第 6 章\课后练习\练习 4\高级参数设置.max

图 6-152

练习 5　制作客厅夜景效果

先导入素材文件，然后为前面制作的客厅场景创建灯光并渲染，使其表现为夜景效果，通过渲染后完成如图 6-153 所示客厅夜景效果的制作。

素材文件\第 6 章\课后练习\练习 5
最终效果\第 6 章\课后练习\练习 5\锦泰三室两厅-11.max

图 6-153

练习 6   设置产品渲染效果

先导入素材文件，然后利用 Vray 渲染器的功能制作一个走廊场景的日景效果，通过渲染后完成如图 6-154 所示的制作。

素材文件\第 6 章\课后练习\练习 6
最终效果\第 6 章\课后练习\练习 6\走廊-1.max

图 6-154

第 7 章

后期处理

通过 3ds Max 9.0 渲染生成的效果图通常会存在一些曝光过度或曝光不足的缺点，即图像的明暗关系不明确。另外，为了丰富效果图中的层次，要为效果图添加诸如植物、人物和装饰品等配置，这些后期处理工作都需要使用 Photoshop 来进行。本章将以 5 个制作实例来介绍在 3ds Max 9.0 中使用 Photoshop 来进行一些后期处理的相关操作。

本章学习目标：
- 📖 后期处理客厅效果
- 📖 后期处理卧室效果
- 📖 制作跃层客厅
- 📖 制作会客厅效果图
- 📖 制作鸟瞰效果图

7.1 后期处理客厅效果

实例目标

本例将打开素材文件，先渲染色块通道，然后使用 Photoshop CS3 对场景局部径向细节的修饰，完成客厅效果的后期处理，最后得到真实客厅的效果，最终效果如图 7-1 所示。

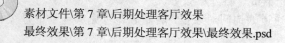

素材文件\第 7 章\后期处理客厅效果
最终效果\第 7 章\后期处理客厅效果\最终效果.psd

制作思路

本例的制作思路如图 7-2 所示，涉及的知识点有渲染色块通道、合成色块通道、调整图像亮度等，包含 3ds Max 9.0 和 Photoshop CS3 两种软件的相关知识，其中渲染色块通道和合成色块通道是本例的制作重点。

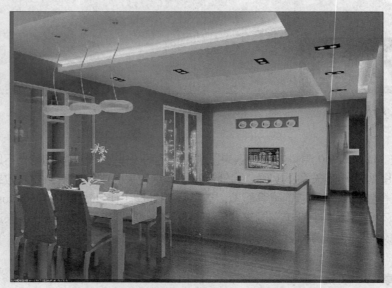

图 7-1

① 渲染色块通道　　② 合成色块通道　　③ 完成后期处理

图 7-2

操作步骤

（1）打开"封闭渲染.max"文件，在 3ds Max 9.0 的主工具栏的"选择过滤器"下拉列表框中选择"L-灯光"选项，按"Ctrl+A"组合键，全选场景中所有灯光，按"Delete"键将所有灯光删除，如图 7-3 所示。

（2）选择【MAXScript】/【运行脚本】命令，打开"选择编辑器文件"对话框，选择名为"材质通道主程序.mse"的脚本文件，单击"打开"按钮。

（3）此时系统会提示是否转换场景通道的询问对话框，确定后即可完成场景中每个不同材质的色块通道效果，如图 7-4 所示。

（4）在"渲染场景：V-Ray Adv 1.5 RC3"对话框的"渲染器"选项卡的"V-Ray：：间接照明（GI）"卷展栏中取消选中"开"复选框，如图 7-5 所示。

（5）按"F9"快捷键渲染摄影机视图，可以看到场景中不同材质的物体都被以不同的颜色进行渲染，如图 7-6 所示。

（6）将渲染后的效果图以"色块通道.tga"为名进行保存，启动 Photoshop CS3，打开"C1 型客厅最终渲染效果.tga"和"色块通道.tga"文件，如图 7-7 所示。

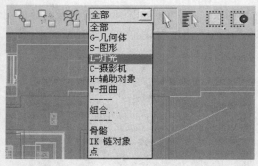

图 7-3   图 7-4

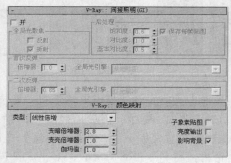

图 7-5   图 7-6

（7）激活"C1 型客厅最终渲染效果.tga"文件窗口，双击"图层"面板中的"背景"图层，打开"新图层"对话框，将其命名为"客厅+餐厅"，如图 7-8 所示。

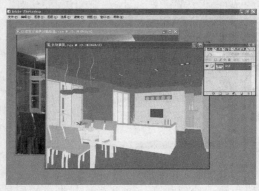

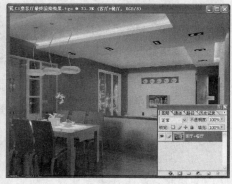

图 7-7   图 7-8

（8）激活"色块通道.tga"文件窗口，选择移动工具，按"Alt+Shift"组合键将该文件的图像拖动到"C1 型客厅最终渲染效果.tga"文件窗口中。

（9）在拖动时系统将自动将两张图片进行对齐，在"图层"面板中将"背景 副本"图层拖到"客厅+餐厅"图层的下方。

（10）选择椭圆选框工具，创建包括餐桌及酒柜区域的选区，按"Ctrl+Alt+D"组合键，打开"羽化选区"对话框，将羽化半径值设置为"200"，单击"好"按钮，如图 7-9 所示。

（11）在"图层"面板中选中"客厅+餐厅"图层，按"Ctrl+J"组合键根据选择的图像创建新图层，将图层 1 的混合模式设置为"滤色"，将不透明度设置为"70%"，此时餐厅区域变亮，如图 7-10 所示。

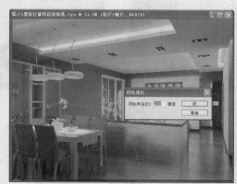
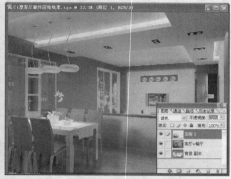

图 7-9　　　　　　　　　　　　　　　图 7-10

（12）选择"背景 副本"图层，选择魔棒工具，在选项栏中取消选中"连续"复选框，在墙体的色块上单击，将这个色块选中，选择"客厅+餐厅"图层，如图 7-11 所示。

（13）按"Ctrl+J"组合键将选区内图像在原位置复制一层，选择【图像】/【调整】/【亮度/对比度】命令，打开"亮度/对比度"对话框，将亮度设置为"4"，对比度设置为"-20"，单击"好"按钮，如图 7-12 所示。

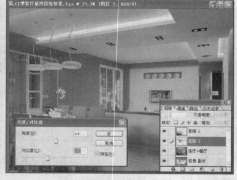

图 7-11　　　　　　　　　　　　　　　图 7-12

（14）用同样的方法将走廊尽头的形象墙和磨沙玻璃加亮，这里对复制生成的图层使用"滤色"混合模式，如图 7-13 所示。

（15）按"Shift+Ctrl+E"键将所有图层合并成一个图层，选择【图像】/【调整】/【照片滤镜】命令，将浓度设置为"20%"，如图 7-14 所示。

（16）按"Ctrl+J"组合键将合并后的图层复制一层，选择【滤镜】/【其他】/【高反差保留】命令，将半径设置为"3.0"，单击"好"按钮，如图 7-15 所示。

（17）将当前图层的混合模式设置为"柔光"，如图 7-16 所示，然后将其以"最终效果"为名进行保存，完成本例制作，最终效果如图 7-1 所示。

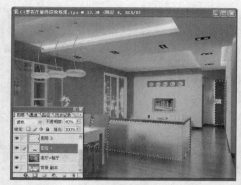

图 7-13

图 7-14

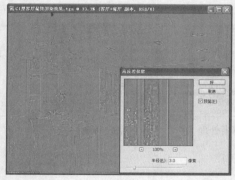

图 7-15

图 7-16

7.2　后期处理卧室效果

实例目标

　　本例将打开素材文件，然后使用 Photoshop CS3 通过对亮度和对比度等参数的设置，完成卧室效果的后期处理，最后得到真实卧室的效果，最终效果如图 7-17 所示。

　　素材文件\第 7 章\后期处理卧室效果
　　最终效果\第 7 章\后期处理卧室效果\角度 1.psd、角度 2.psd、角度 4.psd

制作思路

　　本例的制作思路如图 7-18 所示，涉及的知识点有高斯模糊、亮度/对比度处理、清晰图像处理等，包含 3ds Max 9.0 和 Photoshop CS3 两种软件的相关知识，其中高斯模糊和清晰图像处理是本例的制作重点。

图 7-17

① 打开文件　　　　② 清晰处理　　　　③ 完成后期处理

图 7-18

操作步骤

（1）启动 Photoshop CS3，打开"角度 1.tga"、"角度 2.tga"和"角度 4.tga"3 个渲染效果图文件。

（2）激活"角度 1.tga"文件窗口，选择【图像】/【调整】/【阴影/高光】命令，打开"阴影/高光"对话框，单击"确定"按钮设置阴影的数量为"30%"，高光的数量为"5%"，单击"确定"按钮，如图 7-19 所示。

（3）选择椭圆选框工具在效果图左侧创建如图 7-20 所示的选区。

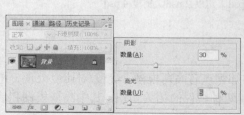

图 7-19

图 7-20

（4）按 "Ctrl+Alt+D" 组合键，打开 "羽化选区" 对话框，设置羽化半径为 "200"，单击 "确定" 按钮，如图 7-21 所示。

（5）在 "图层" 面板中单击 "创建新的填充或调整图层" 按钮，在弹出的下拉菜单中选择【色阶】命令，打开 "色阶" 对话框，设置输入色阶为 "0"、"0.56" 和 "255"，单击 "确定" 按钮，如图 7-22 所示。

 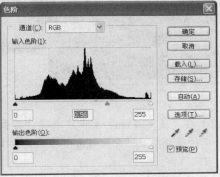

图 7-21　　　　　　　　　　　　　　　　图 7-22

（6）返回图像窗口，卧室靠内的区域变暗，再次使用椭圆选框工具，创建如图 7-23 所示的近景选区。

（7）按 "Ctrl+Alt+D" 组合键打开 "羽化选区" 对话框，将羽化半径设置为 "200"，单击 "确定" 按钮。

（8）在 "图层" 面板中单击 "创建新的填充或调整图层" 按钮，在弹出的下拉菜单中选择【亮度/对比度】命令打开 "亮度/对比度" 对话框，设置亮度为 "-53"，单击 "确定" 按钮，如图 7-24 所示。

图 7-23　　　　　　　　　　　　　　　　图 7-24

（9）选择【图层】/【合并可见图层】命令将所有图层全部合并，如图 7-25 所示。

（10）按 "Ctrl+M" 组合键打开 "曲线" 对话框，调整曲线至如图 7-26 所示效果，单击 "确定" 按钮。

（11）激活 "角度 4.tga" 文件窗口，打开 "角度 4 色块通道.tga" 文件。

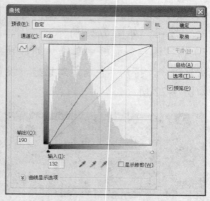

图 7-25 　　　　　　　　　　　　　　　　　图 7-26

（12）在"角度 4.tga"文件中双击"背景"图层，将其以"卧室 4 角度"为名转换成普通图层，将色块通道拖到"角度 4.tga"文件中并对齐，再将其移到"卧室 4 角度"下方，如图 7-27 所示。

（13）选择魔棒工具，在衣柜旁边的墙位置单击创建选区，在图层面板中选择"卧室 4 角度"图层，以对该图层进行操作，如图 7-28 所示。

图 7-27 　　　　　　　　　　　　　　　　　图 7-28

（14）选择多边形套索工具，按住"Alt"键进行减选，取消选择阳台与卧室相连的门框区域，如图 7-29 所示。

（15）按"Ctrl+J"组合键创建新图层，选择【图像】/【调整-阴影/高光】命令，在打开的对话框中设置阴影的数量为"43%"，单击"确定"按钮，如图 7-30 所示。

（16）用同样的方法对床垫所在的区域也进行阴影/高光处理，设置阴影的数量为"50%"。

（17）按"Ctrl+E"组合键将除"背景 副本"以外的图层合并，选择【图像】/【调整】/【照片滤镜】命令，打开"照片滤镜"对话框，设置使用滤镜为"加温滤镜"，浓度为"15%"，单击"确定"按钮，如图 7-31 所示。

（18）选择"卧室 4 角度"图层，进行亮度/对比度处理，设置亮度为"20"，选择【图像】/【模式】/【Lab 颜色】命令，在打开的对话框中单击"合并"按钮，如图 7-32 所示。

图 7-29　　　　　　　　　　　　　　　　图 7-30

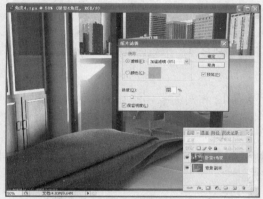
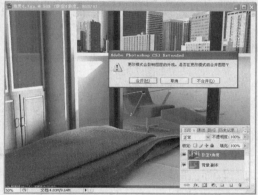

图 7-31　　　　　　　　　　　　　　　　图 7-32

（19）进入"通道"面板，选择"明度"通道，选择【滤镜】/【锐化】/【USM 锐化】命令，打开"USM 锐化"对话框，设置数量为"50%"，半径为"2.5"，单击"确定"按钮，如图 7-33 所示。

（20）选择"a"通道，选择【滤镜】/【模糊】/【高斯模糊】命令，打开"高斯模糊"对话框，设置半径为"2.5"，如图 7-34 所示。

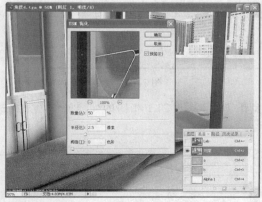
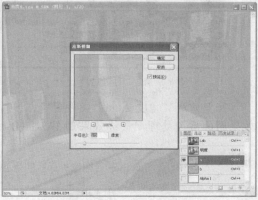

图 7-33　　　　　　　　　　　　　　　　图 7-34

（21）选择 "b" 通道，按 "Ctrl+F" 组合键进行一次高斯模糊滤镜，选择 Lab 通道，选择【图像】/【模式】/【RGB 颜色】命令将图像模式改为 RGB 颜色，如图 7-35 所示。

（22）激活 "角度 1.tga" 文件窗口，进行步骤（18）～（21）相同的处理操作，使整个画面更加清晰，如图 7-36 所示。

图 7-35　　　　　　　　　　　　　　　　　　　　图 7-36

（23）激活 "角度 2.tga" 文件窗口，进行步骤 12 相同的操作添加其色块通道图层。

（24）选择魔棒工具在 "背景 副本" 图层中创建左边的暖色墙区域的选区，按 "Ctrl+J" 组合键创建新图层，如图 7-37 所示。

（25）选择【滤镜】/【模糊】/【高斯模糊】命令，打开 "高斯模糊" 对话框，设置半径为 "2.5"，单击 "确定" 按钮，如图 7-38 所示。

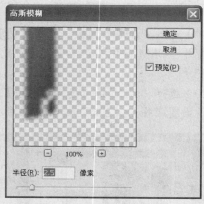

图 7-37　　　　　　　　　　　　　　　　　　　　图 7-38

（26）激活 "角度 2.tga" 文件窗口，进行步骤（18）～（21）相同的处理操作，完成所有效果图的后期处理，最终效果如图 7-17 所示。

提示　　利用 Photoshop 对图像进行后期处理主要是通过色彩调整工具来对图像的色彩、亮度和对比度等效果进行一定处理。

7.3 制作跃层客厅

实例目标

本例将打开素材文件，然后使用 Photoshop CS3 通过色阶处理和自由变换图像等操作，完成跃层客厅效果的后期处理，最后得到真实跃层客厅的效果，最终效果如图 7-39 所示。

图 7-39

素材文件\第 7 章\跃层客厅
最终效果\第 7 章\跃层客厅\跃层客厅.tif

制作思路

本例的制作思路如图 7-40 所示，涉及的知识点有创建选区、新建图层、色阶处理、自由变换图像等，包含 3ds Max 9.0 和 Photoshop CS3 两种软件的相关知识，其中色阶处理和自由变换图像是本例的制作重点。

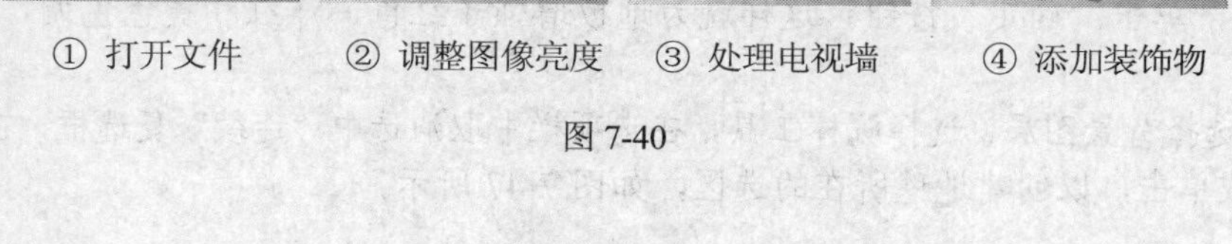

① 打开文件　② 调整图像亮度　③ 处理电视墙　④ 添加装饰物

图 7-40

操作步骤

（1）启动 Photoshop CS3，并打开"跃层客厅.tif"文件，其中的图像是一个未进行后期处理的室内效果图，如图 7-41 所示。

（2）在"图层"面板中单击图层 0 前的"指示图层可见性"图标隐藏该图层，观察发现背景图层上的图像由不同的颜色块构成，这是通过 3ds Max 渲染生成的选区通道，如图 7-42 所示。

图 7-41   图 7-42

（3）在工具箱中选择魔棒工具，在选项栏中选中"连续"复选框，选择背景图层，在地板所在的任意地方单击创建地板所在的选区，按住"Shift"键不放继续在其他地板位置单击添加其他地板选区，如图 7-43 所示。

（4）再次单击图层 0 前的"指示图层可见性"图标显示该图层，选择该图层后按"Ctrl+J"组合键，以通过图层 0 快速生成图层 1，如图 7-44 所示。

图 7-43   图 7-44

（5）按"Ctrl+L"组合键打开"色阶"对话框，设置输入色阶分别为"58"、"1"和"193"，单击"确定"按钮。观察发现地板得到加亮且有明显的明暗关系，如图 7-45 所示。

（6）按"Ctrl+B"组合键打开"色彩平衡"对话框，设置色阶分别为"10"、"-20"和"-50 "，单击"确定"按钮。这样就为地板增强了红色、洋红和黄色色调，如图 7-46 所示。

（7）选择背景图层，选择魔棒工具，在选项栏中取消选中"连续"复选框，在地毯所在的任意区域单击，以创建地毯所在的选区，如图 7-47 所示。

（8）选择图层 0，按"Ctrl+J"组合键快速生成图层 2，在"图层"面板的"设置图层混合模式"下拉列表框中选择"叠加"选项，如图 7-48 所示。

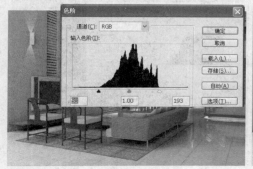

图 7-45

图 7-46

图 7-47

图 7-48

（9）选择【图像】/【调整】/【阴影/高光】命令，在打开的对话框中设置阴影数量为"100%"，单击"确定"按钮，如图 7-49 所示。

（10）按"Ctrl+L"组合键打开"色阶"对话框，设置输入色阶分别为"55"、"1"和"196"，单击"确定"按钮，如图 7-50 所示。

图 7-49

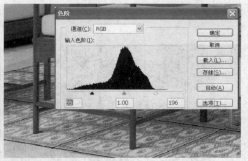

图 7-50

（11）按照步骤（7）和（8）的操作方法，创建沙发主体所在的选区，并通过图层 0 生成图层 3，如图 7-51 所示。

（12）按步骤（10）的操作方法对图层 3 进行色阶处理，设置输入色阶分别为"15"、"1"

和"175",如图 7-52 所示。

图 7-51　　　　　　　　　　　　　　　　　图 7-52

（13）选择多边形套索工具沿抱枕边缘依次单击，创建沙发上所有抱枕所在的选区，并通过图层 0 生成图层 4，如图 7-53 所示。

（14）选择【图像】/【调整】/【亮度/对比度】命令，在打开的对话框中设置亮度为"+100"，单击"确定"按钮，如图 7-54 所示。

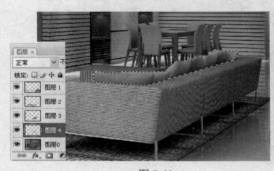

图 7-53　　　　　　　　　　　　　　　　　图 7-54

（15）创建沙发底部所有支架所在的选区，并通过图层 0 生成图层 5，如图 7-55 所示。

（16）对图层 5 进行色阶处理，设置输入色阶分别为"0"、"1"和"100"，如图 7-56 所示。

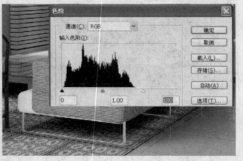

图 7-55　　　　　　　　　　　　　　　　　图 7-56

（17）创建两个中式椅架所在的选区，并通过图层 0 生成图层 6，如图 7-57 所示。

（18）对图层 6 进行色阶处理，设置输入色阶分别为 "0"、"1.2" 和 "138"，如图 7-58 所示。

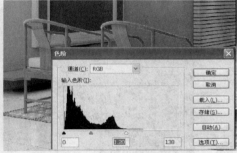

图 7-57　　　　　　　　　　　　　　　　　图 7-58

（19）创建两个中式椅坐垫所在的选区，并通过图层 0 生成图层 7，如图 7-59 所示。

（20）按照步骤（14）的操作方法对图层 7 进行亮度/对比度处理，设置亮度为 "50"，如图 7-60 所示。

图 7-59　　　　　　　　　　　　　　　　　图 7-60

（21）创建沙发前面茶几顶部玻璃面所在的选区，并通过图层 0 生成图层 8，如图 7-61 所示。

（22）按照步骤（6）的操作方法对图层 8 进行色彩平衡处理，并设置色阶分别为 "0"、"70" 和 "0"，如图 7-62 所示。

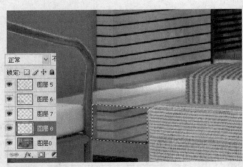

图 7-61　　　　　　　　　　　　　　　　　图 7-62

（23）创建沙发前面茶几支架所在选区，并通过图层 0 生成图层 9，如图 7-63 所示。

（24）对图层 9 进行亮度/对比度处理，设置亮度为"+50"，对比度为"+100"，如图 7-64 所示。

 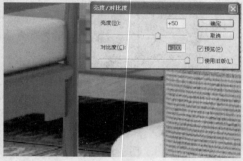

图 7-63　　　　　　　　　　　　　　　　　图 7-64

（25）创建餐桌支架和餐椅支架所在的选区，并通过图层 0 生成图层 10，如图 7-65 所示。

（26）对图层 10 进行色阶处理，设置输入色阶分别为"0"、"1"和"145"，如图 7-66 所示。

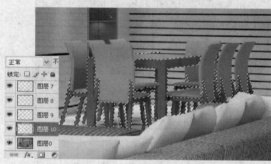 

图 7-65　　　　　　　　　　　　　　　　　图 7-66

（27）创建所有餐椅椅垫所在的选区，并通过图层 0 生成图层 11，如图 7-67 所示。

（28）对图层 11 进行亮度/对比度处理，设置亮度为"+100"，对比度为"+50"，如图 7-68 所示。

 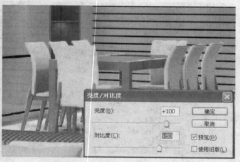

图 7-67　　　　　　　　　　　　　　　　　图 7-68

（29）继续对图层 11 进行色彩平衡处理，设置色阶分别为 "30"、"0" 和 "-65"，如图 7-69 所示。

（30）创建餐桌顶部玻璃面所在的选区，并通过图层 0 生成图层 12，如图 7-70 所示。

图 7-69

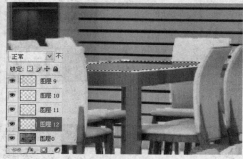
图 7-70

（31）对图层 12 进行色彩平衡处理，选中 "高光" 单选按钮，设置色阶分别为 "0"、"+80" 和 "0"，如图 7-71 所示。

（32）创建餐桌左侧墙体上两个装饰柜所在的选区，并通过图层 0 生成图层 13，如图 7-72 所示。

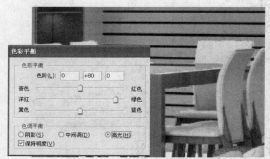
图 7-71

图 7-72

（33）对图层 13 进行色阶处理，设置输入色阶分别为 "0"、"1.85" 和 "175"，如图 7-73 所示。

（34）创建底层和二层玻璃护栏所在的选区，并通过图层 0 生成图层 14，如图 7-74 所示。

（35）对图层 14 进行亮度/对比度处理，设置亮度为 "+40"，对比度为 "+30"，如图 7-75 所示。

（36）继续对图层 14 进行色彩平衡处理，设置色阶分别为 "-53"、"-35" 和 "+17"，如图 7-76 所示。

（37）创建沙发左侧墙上电视所在的选区，并通过图层 0 生成图层 15，如图 7-77 所示。

（38）对图层 15 进行色阶处理，设置输入色阶分别为 "11"、"1" 和 "185"，如图 7-78 所示。

图 7-73

图 7-74

图 7-75

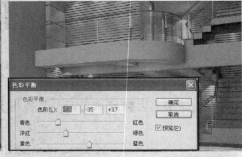

图 7-76

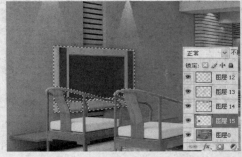

图 7-77

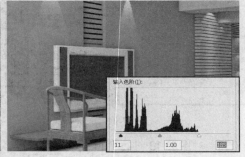

图 7-78

（39）创建电视墙所在的选区，并通过图层 0 生成图层 16，如图 7-79 所示。

（40）对图层 16 进行亮度/对比度处理，设置亮度为 "+21"，对比度为 "+100"，如图 7-80 所示。

（41）对图层 16 进行色彩平衡处理，设置色阶分别为 "100"、"−31" 和 "−71"，如图 7-81 所示。

（42）继续对图层 16 进行色彩平衡处理，设置色阶分别为 "30"、"−10" 和 "−60"，如图 7-82 所示。

（43）单击 "图层" 面板下方的 "创建新图层" 按钮新建图层 17，按住 "Ctrl" 键不放单击图层 16 前的缩略图载入图层 16 中的选区，在 "颜色" 面板中将前景色设置为 "橙色"，按 "Alt+Delete" 组合键用前景色填充选区，如图 7-83 所示。

<table>
<tr><td>图 7-79</td><td>图 7-80</td></tr>
</table>

<table>
<tr><td>图 7-81</td><td>图 7-82</td></tr>
</table>

（44）单击"图层"面板下方的"添加图层蒙版"按钮为图层 17 添加图层蒙版，并使用画笔工具在选区中涂抹，直至得到如图 7-84 所示效果。

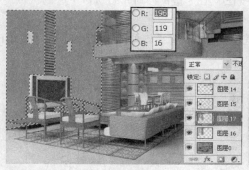

<table>
<tr><td>图 7-83</td><td>图 7-84</td></tr>
</table>

（45）创建除地毯所在区域外的所有选区，并通过图层 0 生成图层 18，如图 7-85 所示。

（46）对图层 18 进行色阶处理，设置输入色阶分别为"0"、"1"和"175"，如图 7-86 所示。

（47）对图层 18 进行色彩平衡处理，设置色阶分别为"+48"、"0"和"-58"，如图 7-87 所示。

（48）新建图层 19，选择多边形套索工具，沿二楼左侧横梁楼梯底部挖空处创建如

图 7-88 所示的封闭选区。

图 7-85

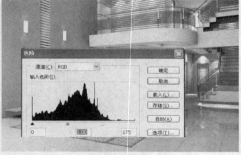

图 7-86

图 7-87

图 7-88

（49）选择图层 18，选择仿制图章工具，按住"Alt"键的同时单击选区下方的区域进行取样，如图 7-89 所示。

（50）选择图层 19，在选区内楼梯底部的挖空处涂抹，直至该处区域被填充完，按"Ctrl+D"组合键取消选区，如图 7-90 所示。

图 7-89

图 7-90

（51）选择最上层的图层 1，打开"装饰画 1.jpg"文件，选择移动工具将其中的图像拖动复制到效果图中，系统自动在图层 1 上方生成图层 20，如图 7-91 所示。

（52）按"Ctrl+T"组合键对复制后的装饰画进行自由变换，按住"Ctrl"键不放，将 4 个角的变换点分别拖到对应餐厅正面墙上左侧画框的 4 个角，如图 7-92 所示。

图 7-91　　　　　　　　　　　　　　　　图 7-92

（53）选择减淡工具，在选项栏中设置曝光度为"20%"，在变换后的装饰画顶部涂抹，直至得到受光照射后的高亮效果，如图 7-93 所示。

（54）按照步骤（51）～（53）的操作方法，继续复制"装饰画 2.jpg"和"装饰画 3.jpg"文件中图像放到另两个画框处，如图 7-94 所示。

图 7-93　　　　　　　　　　　　　　　　图 7-94

（55）打开"啤酒.psd"文件，先将其拖动复制到效果图中生成图层 23，然后对其进行自由变换拖动变换点将其缩小至餐桌上，按"Enter"键确认变换，如图 7-95 所示。

（56）对啤酒图像进行色阶处理，设置输入色阶分别为"15"、"1"和"155"，如图 7-96 所示。

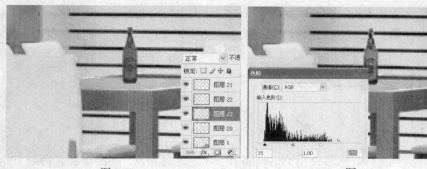

图 7-95　　　　　　　　　　　　　　　　图 7-96

（57）按"Ctrl+J"组合键为图层 23 复制一个副本图层，选择【编辑】/【变换】/【垂直翻转】命令将其垂直翻转，然后移动至如图 7-97 所示位置。

（58）使用多边形套索工具绘制如图 7-98 所示的选区，按 "Delete" 键删除选区内的图像，然后按 "Ctrl+D" 组合键取消选区。

图 7-97　　　　　　　　　　　　　　　　　　图 7-98

（59）按 "5" 键快速将图层 23 副本图层的不透明度设置为 "50"，这就为啤酒瓶制作好了倒影效果，按住 "Ctrl" 键的同时选择图层 23 和图层 23 副本图层，按住 "Alt" 键的同时向左拖动复制一个啤酒瓶及倒影，如图 7-99 所示。

（60）按照步骤（55）～（59）的操作方法，在餐桌两侧放入 "装饰植物.psd" 文件中的图像，并为植物制作倒影效果，如图 7-100 所示。

图 7-99　　　　　　　　　　　　　　　　　　图 7-100

（61）继续为效果图调入素材库中的 "壁挂"、"陶瓷"、"装饰盘" 等图像，并分别自由变换移动至合适位置，完成本例操作，最终效果如图 7-39 所示。

7.4　制作会客厅效果图

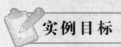
实例目标

本例将打开素材文件，然后使用 Photoshop CS3 通过对颜色、明暗度和各种细节的处理等操作，完成会客厅效果的后期处理，最后得到的真实会客厅的效果，最终效果如图 7-101 所示。

图 7-101

素材文件\第 7 章\会客厅
最终效果\第 7 章\会客厅\会客厅.tif

制作思路

本例的制作思路如图 7-102 所示，涉及的知识点有修补工具、减淡工具、加深工具、阴影/高光处理等，包含 3ds Max 9.0 和 Photoshop CS3 两种软件的相关知识，其中修补工具和阴影/高光处理是本例的制作重点。

① 打开文件　　② 修复白斑　　③ 调整亮度和色彩　　④ 添加装饰画和外景

图 7-102

操作步骤

（1）打开"会客厅.tif"文件，其中的图像是未进行后期处理的室内效果图。

（2）隐藏图层 0，观察发现背景图层上的图像由不同的颜色块构成，这是通过 3ds Max 渲染生成的选区通道，如图 7-103 所示。

（3）显示图层 0，在修复画笔工具上单击鼠标右键，在弹出的快捷菜单中选择修补工具，在天花板顶部创建一个包围多余白色光斑区域的修补选区，如图 7-104 所示。

（4）按住鼠标左键不放拖动选区内图像至如图 7-105 所示位置，释放鼠标后去除光斑，按"Ctrl+D"组合键取消选区。

图 7-103 | 图 7-104

（5）按照步骤（3）和（4）的操作方法，继续使用修补工具绘制出沙发上左端处黑色斑块，然后向右拖动选区内的图像进行修补，最后取消选区，如图 7-106 所示。

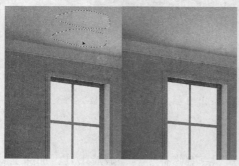

图 7-105 | 图 7-106

（6）茶几右侧的沙发椅背部下端处也出现了不该有的白色光斑，如图 7-107 所示，需要进行去除，此时要注意保持光斑处沙发布纹纹理的连续性。

（7）选择缩放工具在光斑处单击，适当放大显示白色光斑所在的区域，使用多边形套索工具沿沙发布纹理创建如图 7-108 所示的选区。

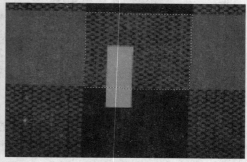

图 7-107 | 图 7-108

（8）选择仿制图章工具，按住"Alt"键的同时单击如图 7-109 所示的位置进行取样。

（9）在选区内白色光斑上进行涂抹，直至选区内白光斑完全消失为止，如图 7-110 所示。

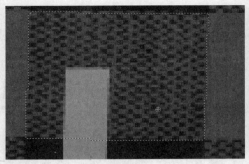

<table>
<tr><td>图 7-109</td><td>图 7-110</td></tr>
</table>

（10）按照步骤（7）～（9）的操作方法，先创建剩余光斑所在布纹的区域，然后在其周围取样并将光斑去除，如图 7-111 所示。

（11）隐藏图层 0，选择背景图层，选择魔棒工具，在选项栏中选中 "连续" 复选框，按住 "Shift" 键不放在地板所在的各区域单击创建选区，如图 7-112 所示。

<table>
<tr><td>图 7-111</td><td>图 7-112</td></tr>
</table>

（12）显示并选择图层 0，按 "Ctrl+J" 组合键，以通过图层 0 快速生成图层 1。

（13）选择减淡工具，在选项栏中设置范围为 "阴影"，曝光度为 "10%"，然后在地板上进行涂抹，直至变亮为止，如图 7-113 所示。

（14）按照步骤（12）和（13）的操作方法，创建地毯所在的选区，并通过图层 0 生成图层 2，如图 7-114 所示。

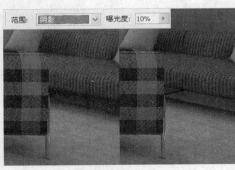

<table>
<tr><td>图 7-113</td><td>图 7-114</td></tr>
</table>

（15）按 "Ctrl+L" 组合键打开 "色阶" 对话框，在打开的对话框中设置输入色阶分别

为 "0"、"1" 和 "155"，单击 "确定" 按钮，如图 7-115 所示。

（16）按照步骤（13）的操作方法，使用减淡工具适当增加物体投影到地毯上的阴影的亮度，以使阴影具有通透性，如图 7-116 所示。

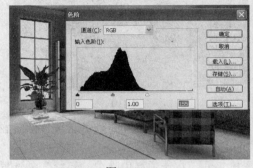 

图 7-115　　　　　　　　　　　图 7-116

（17）按 "Ctrl+B" 组合键打开 "色彩平衡" 对话框，设置色阶分别为 "0"、"−25" 和 "−50"，单击 "确定" 按钮，如图 7-117 所示。

（18）创建地毯上两个沙发椅垫所在的选区，并通过图层 0 生成图层 3，如图 7-118 所示。

图 7-117　　　　　　　　　　　图 7-118

（19）按照步骤（15）的操作方法对图层 3 进行色阶处理，设置输入色阶分别为 "0"、"1" 和 "100"，如图 7-119 所示。

（20）按照步骤（17）的操作方法对图层 3 进行色彩平衡处理，设置色阶分别为 "0"、"0" 和 "+35"，如图 7-120 所示。

（21）创建两个沙发椅架所在的选区，并通过图层 0 生成图层 4，如图 7-121 所示。

（22）对图层 4 进行色阶处理，设置输入色阶分别为 "10"、"1.25" 和 "165"，如图 7-122 所示。

（23）创建沙发椅架底部所有黑色胶垫所在的选区，并通过图层 0 生成图层 5，如图 7-123 所示。

（24）将图层 5 移至最顶层，选择移动工具将图像垂直向上移动至原胶垫的顶部，以增加胶垫的厚度，如图 7-124 所示。

图 7-119

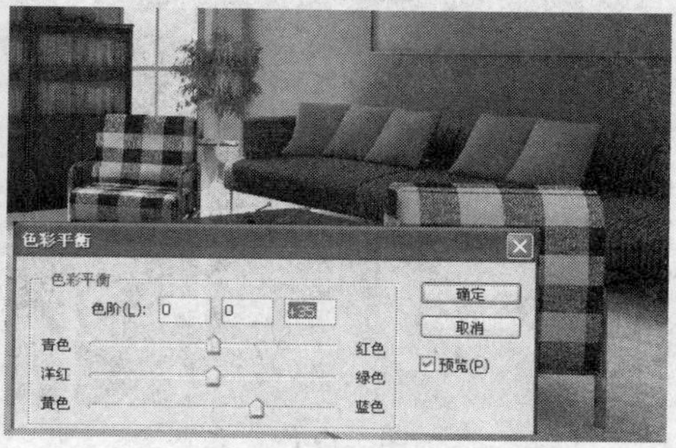

图 7-120

图 7-121

图 7-122

图 7-123

图 7-124

（25）创建茶几顶部木质表面所在的选区，并通过图层 0 生成图层 6，如图 7-125 所示。

（26）选择【图像】/【调整】/【亮度/对比度】命令，在打开的对话框中设置亮度为"+150"，对比度为"+20"，单击"确定"按钮，如图 7-126 所示。

（27）使用多边形套索工具创建茶几面左侧立面所在的选区，如图 7-127 所示。

（28）对选区内图像进行亮度/对比度处理，设置亮度为"80"，然后取消选区，如图 7-128 所示。

（29）使用多边形套索工具创建茶几面右侧立面所在的选区，如图 7-129 所示。

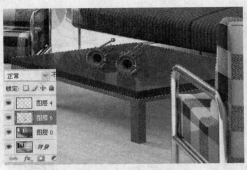

图 7-125

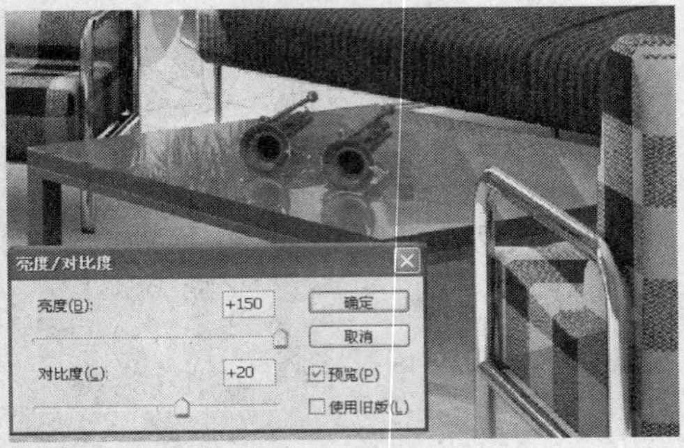

图 7-126

图 7-127

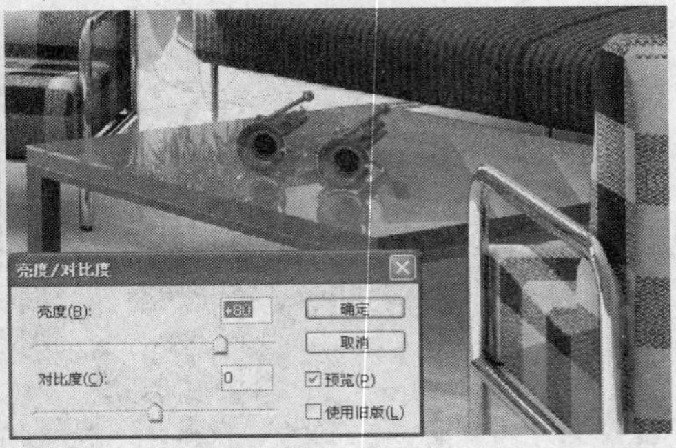

图 7-128

（30）对选区内图像进行亮度/对比度处理，设置亮度为"100"，然后取消选区，如图 7-130 所示。

图 7-129

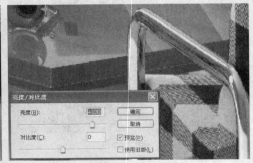

图 7-130

（31）创建茶几底部支架所在的选区，并通过图层 0 生成图层 7，如图 7-131 所示。

（32）对图层 7 进行亮度/对比度处理，设置亮度为"+150"，对比度为"-49"，如图 7-132 所示。

（33）使用多边形套索工具创建茶几支架右侧立面所在的选区，如图 7-133 所示。

（34）对选区内图像进行亮度/对比度处理，设置亮度为"70"，对比度为"-50"，然后取消选区，如图 7-134 所示。

（35）创建茶几面喇叭所在的选区，并通过图层 0 生成图层 8，如图 7-135 所示。

图 7-131　　　　　　　　　　　　　　　图 7-132

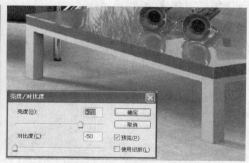

图 7-133　　　　　　　　　　　　　　　图 7-134

（36）对图层 8 进行亮度/对比度处理，设置亮度为 "+120"，对比度为 "-50"，如图 7-136 所示。

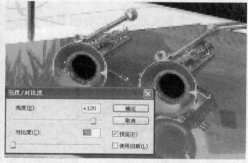

图 7-135　　　　　　　　　　　　　　　图 7-136

（37）创建靠近墙体多人沙发坐垫和靠垫所在的选区，并通过图层 0 生成图层 9，如图 7-137 所示。

（38）对图层 9 进行色阶处理，设置输入色阶分别为 "0"、"1" 和 "95"，以增加其亮度，如图 7-138 所示。

（39）选择【图像】/【调整】/【阴影/高光】命令，在打开的对话框中设置阴影数量为 "35%"，单击 "确定" 按钮，如图 7-139 所示。

图 7-137　　　　　　　　　　　图 7-138

（40）选择加深工具，设置曝光度为"5%"，在沙发右侧进行涂抹，直至沙发右侧亮度降低至如图 7-140 所示效果。

图 7-139　　　　　　　　　　　图 7-140

（41）对图层 9 进行色彩平衡处理，设置色阶分别为"−35"、"0"和"+20"，如图 7-141所示。

（42）创建多人沙发上所有抱枕所在的选区，并通过图层 0 生成图层 10，如图 7-142所示。

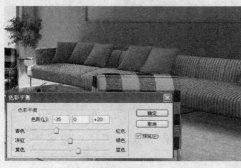

图 7-141　　　　　　　　　　　图 7-142

（43）按照步骤（39）的操作方法对图层 10 进行阴影/高光处理，设置阴影数量为"100%"。

（44）重复步骤（43）的阴影/高光处理操作，其目的是进一步消除抱枕上的多余的阴影，如图 7-143 所示。

（45）对图层 10 进行色阶处理，设置输入色阶分别为 "0"、"1" 和 "182"，如图 7-144 所示。

图 7-143　　　　　　　　　　　　　　图 7-144

（46）对图层 10 进行色彩平衡处理，设置色阶分别为 "71"、"48" 和 "36"，如图 7-145 所示。

（47）创建多人沙发底部支架所在的选区，并通过图层 0 生成图层 11，如图 7-146 所示。

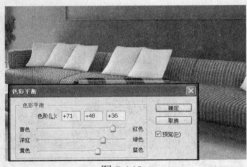

图 7-145　　　　　　　　　　　　　　图 7-146

（48）对图层 11 进行亮度/对比度处理，设置亮度为 "+150"，对比度为 "−50"，如图 7-147 所示。

（49）选择减淡工具，设置曝光度为 "10%"，然后在右侧的多人沙发支架上涂抹，以增加其亮度，如图 7-148 所示。

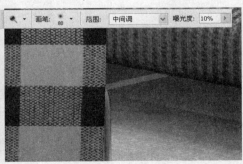

图 7-147　　　　　　　　　　　　　　图 7-148

（50）创建会客厅两面黄色乳胶漆墙所在的选区，并通过图层 0 生成图层 12，如图 7-149 所示。

（51）对图层 12 进行阴影/高光处理，设置阴影数量为 "50%"。

（52）对图层 12 进行色彩平衡调整，并设置色阶分别为 "30"、"0" 和 "100"。

（53）对图层 12 进行亮度/对比度处理，设置亮度为 "60"；对比度为 "10"，效果如图 7-150 所示。

图 7-149 　　　　　　　　　　　　　　　　图 7-150

（54）创建两个窗户底部两个装饰植物所在的选区，并通过图层 0 生成图层 13，然后将该图层移至最顶层，如图 7-151 所示。

（55）对图层 13 进行阴影/高光处理，设置阴影数量为 "100%"，如图 7-152 所示。

图 7-151 　　　　　　　　　　　　　　　　图 7-152

（56）选择椭圆工具，设置羽化为 "20px"，然后在左侧植物底部创建如图所示的椭圆羽化选区，如图 7-153 所示。

（57）对选区内图像进行阴影/高光处理，设置阴影数量为 "100%"，然后取消选区，如图 7-154 所示。

（58）使用多边形套索工具创建只包围植物茎和叶的选区，如图 7-155 所示。

（59）对选区内图像进行色彩平衡处理，设置色阶分别为 "-57"、"+72" 和 "0"，如图 7-156 所示。

（60）选择椭圆工具，设置羽化为 "50px"，然后在左侧植物顶部创建如图 7-157 所示的椭圆羽化选区。

图 7-153

图 7-154

图 7-155

图 7-156

（61）对选区内图像进行色阶处理，设置输入色阶分别为 "0"、"1" 和 "26"。

（62）继续对选区内图像进行色彩平衡处理，设置色阶分别为 "0"、"+100" 和 "-98"，然后取消选区，效果如图 7-158 所示。

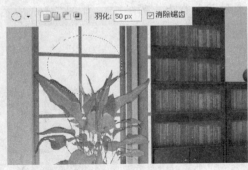
图 7-157

图 7-158

（63）设置羽化为 "20px"，然后在右侧植物顶部右侧创建如图 7-159 所示的椭圆羽化选区。

（64）对选区内图像进行亮度/对比度处理，设置亮度为 "-150"，然后取消选区，如图 7-160 所示。

（65）创建左侧墙体底部书柜木质纹理所在的选区，并通过图层 0 生成图层 14，如图 7-161 所示。

图 7-159   图 7-160

（66）对图层 14 进行阴影/高光处理，设置阴影数量为 "100%"。

（67）对图层 14 进行亮度/对比度处理，设置亮度为 "+60"，对比度为 "+20"，效果如图 7-162 所示。

图 7-161   图 7-162

（68）创建书柜正面玻璃所在的选区，并通过图层 0 生成图层 15，如图 7-163 所示。

（69）对图层 15 进行阴影/高光处理，设置阴影数量为 "50%"。

（70）继续对图层 15 进行色阶处理，设置输入色阶分别为 "14"、"0.78" 和 "194"，效果如图 7-164 所示。

图 7-163   图 7-164

（71）创建书柜上的装饰陶瓷所在的选区，并通过图层 0 生成图层 16，如图 7-165 所示。

（72）对图层 16 进行阴影/高光处理，设置阴影数量为"100%"。

（73）继续对图层 16 进行色阶处理，设置输入色阶分别为"0"、"1"和"159"，效果如图 7-166 所示。

图 7-165　　　　　　　　　　　　　　　　图 7-166

（74）创建墙体两个窗户处窗框所在的选区，并通过图层 0 生成图层 17，如图 7-167 所示。

（75）按"Ctrl+U"组合键打开"色相/饱和度"对话框，设置明度为"+50"，单击"确定"按钮，如图 7-168 所示。

图 7-167　　　　　　　　　　　　　　　　图 7-168

（76）对图层 17 进行亮度/对比度处理，设置亮度和对比度都为"−50"。

（77）创建天花板和阴脚线所在的选区，并通过图层 0 生成图层 18，如图 7-169 所示。

（78）对图层 18 进行阴影/高光处理，设置阴影数量为"100%"。

（79）对图层 18 进行亮度/对比度处理，设置亮度为"+105"，对比度为"−30"，效果如图 7-170 所示。

（80）打开"传统字画.jpg"文件，并将其拖动复制到会客厅效果图中，生成图层 19，并将其移动最顶层，如图 7-171 所示。

（81）对复制生成的传统字画进行自由变换，并使其 4 个角对齐到正面墙体上画框的 4 个角，如图 7-172 所示。

（82）打开"室外风景.jpg"文件，按"Ctrl+A"组合键全选图像，按"Ctrl+C"组合键复制图像至剪贴板，如图 7-173 所示。

图 7-169

图 7-170

图 7-171

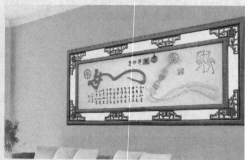

图 7-172

（83）通过会客厅效果图的背景图层创建出窗户玻璃所在选区，如图 7-174 所示。

图 7-173

图 7-174

（84）选择图层 19，按 "Ctrl+Shift+V" 组合键，以快速生成带图层蒙版的图层 20，如图 7-175 所示。

（85）对图层 20 中的图像进行自由变换，将其放大至布满两个窗户玻璃所在的区域为止，如图 7-176 所示。

（86）对图层 20 进行亮度/对比度处理，设置亮度为 "120"，完成会客厅效果图的后期处理，最终效果如图 7-101 所示。

图 7-175　　　　　　　　　　　　　　　图 7-176

7.5　制作鸟瞰效果图

实例目标

　　本例将打开素材文件，然后使用 Photoshop CS3 通过对图像的颜色和明暗度的处理，以及各种滤镜的使用等操作，完成鸟瞰效果图的后期处理，最后得到的真实鸟瞰的效果，最终效果如图 7-177。

图 7-177

　　素材文件\第 7 章\鸟瞰效果图
　　最终效果\第 7 章\鸟瞰效果图\鸟瞰效果图.psd

制作思路

　　本例的制作思路如图 7-178，涉及的知识点有复制变换图像、云彩滤镜、色阶命令、动感模糊滤镜等，其中复制变换图像和动感模糊滤镜是本例的制作重点。

① 打开文件　　② 添加草皮和环境　　③ 处理公路　　④ 添加人物和汽车

图 7-178

操作步骤

（1）打开"鸟瞰效果图.psd"文件，其中的图像是一个未进行后期处理的建筑鸟瞰效果图。

（2）适当放大图像，使用多边形套索工具沿建筑物正面玻璃边缘创建选区，如图 7-179 所示。

（3）对选区内图像进行色阶处理，并设置输入色阶分别为"0"、"1"和"195"，然后取消选区，如图 7-180 所示。

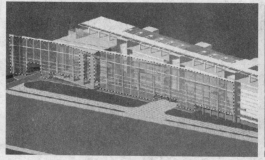

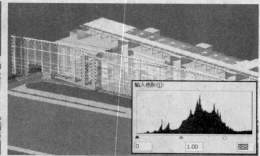

图 7-179　　　　　　　　　　　　　　　　图 7-180

（4）新建图层 1，创建建筑物底部青色水面所在的选区，如图 7-181 所示。

（5）设置前景色为蓝色（R:76,G:106,B:182），背景色为淡蓝色（R:139,G:171,B:197），选择【滤镜】/【渲染】/【云彩】命令，完成后取消选区，如图 7-182 所示。

图 7-181　　　　　　　　　　　　　　　　图 7-182

（6）打开"水柱.psd"文件，将其中的图像拖动复制到建筑物底部已制作好的水面处，系统自动生成图层 2，并对其进行色阶处理，设置输入色阶分别为"0"、"1"和"220"，如图 7-183 所示。

（7）为水柱图像复制 6 个副本，并分别沿水面进行分布至如图 7-184 所示效果。

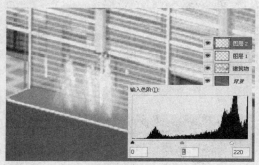

图 7-183　　　　　　　　　　　　　　　　　图 7-184

（8）打开"草皮 1.psd"文件，将其中的图像拖动复制到效果图中，生成图层 3，将其自由变换至如图 7-185 所示效果。

（9）隐藏除建筑物图层外的所有图层，使用魔棒工具创建如图 7-186 所示的选区。

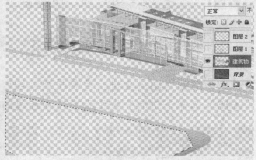

图 7-185　　　　　　　　　　　　　　　　　图 7-186

（10）显示所有图层并选择图层 3，然后选择【图层】/【图层蒙版】/【显示选区】命令，为图层 3 创建图层蒙版，如图 7-187 所示。

（11）单击图层 3 的图层缩略图和图层蒙版缩略图之间的链接按钮，断开链接，选择椭圆选框工具，设置羽化为"100px"，然后在草皮上创建如图 7-188 所示的椭圆羽化选区。

（12）单击图层 3 的图层缩览图，选择移动工具，按住"Alt"键不放拖动复制选区内图像。

（13）按"Ctrl+T"组合键对图像进行自由变换，然后向内拖动变框的任意一个角点将图像缩小，按"Enter"键确认变换，如图 7-189 所示。

（14）按住"Alt"键的同时向右上拖动，以将选区内的图像复制到该处，该步的目的是减小草皮的纹理，如图 7-190 所示。

（15）按照步骤（14）的操作方法，继续拖动复制选区的图像，直至被复制的图像完全覆盖所有原来的草皮为止，如图 7-191 所示。

图 7-187   图 7-188

图 7-189   图 7-190

（16）按 "Ctrl+D" 组合键取消选区，对图层 3 进行亮度/对比度处理，将亮度设置为 "-50"。

（17）继续对图层 3 进行色彩平衡处理，设置色阶分别为 "20"、"1" 和 "-11"。

（18）选择多边形套索工具，在处理过的草皮处沿内部边缘创建如图 7-192 所示选区。

 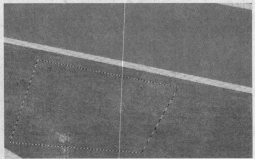

图 7-191   图 7-192

（19）选择【选择】/【修改】/【羽化】命令，在打开的对话框中将羽化半径设置为 "100px"，单击 "确定" 按钮。

（20）按 "Ctrl+J" 组合键生成图层 4，选择移动工具，将复制生成的图像移动至图像窗口的左上侧，如图 7-193 所示。

（21）载入图层 4 中的选区，按照步骤（14）的操作方法，不断拖动复制选区内的图像，直至得到如图 7-194 所示效果。

图 7-193

图 7-194

（22）隐藏除背景图层外的所有图层，使用魔棒工具创建如图 7-195 所示的选区。

（23）取消选区，按住"Ctrl+Alt"组合键的同时单击建筑物的图层缩略图，得到如图 7-196 所示的选区。

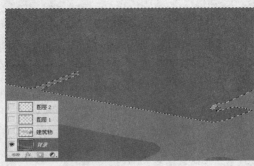
图 7-195

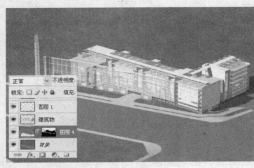
图 7-196

（24）显示所有图层并选择图层 4，选择【图层】/【图层蒙版】/【显示选区】命令，将图层 4 移动到背景层上，如图 7-197 所示。

（25）单击图层 4 对应的图层缩略图，使用多边形套索工具在水柱前面的草皮上创建如图 7-198 所示的选区。

图 7-197

图 7-198

（26）对选区内图像进行亮度/对比度处理，设置亮度为"-50"。

（27）继续分别向右移动选区，并分别重复步骤（26）的操作，使草皮呈现明显的纹理效果，如图 7-199 所示。

（28）打开"草皮 2.jpg"文件，按"Ctrl+A"组合键全选图像，按"Ctrl+C"组合键复制图像至剪贴板。

（29）按住"Ctrl"键不放，单击图层 4 的图层蒙版缩略图，以载入图层蒙版中的选区，如图 7-200 所示。

图 7-199

图 7-200

（30）按"Ctrl+Shift+V"组合键，以快速生成带图层蒙版的图层 5，如图 7-201 所示。

（31）单击图层 5 的图层蒙版缩略图，选择画笔工具，设置前景色为黑色，在建筑前面的草地上涂抹，直至该处已制作的草纹理显示出来为止，如图 7-202 所示。

图 7-201

图 7-202

（32）对图层 5 进行亮度/对比度处理，设置亮度和对比度都为"20"。

（33）打开"树木 1.psd"文件，将其中的图像复制并自由变换至带有条纹的草皮上，将生成的图层 6 移动至最顶层，如图 7-203 所示。

（34）为图层 6 复制生成一个副本图层，并将其向下移动一层，然后将其自由变换至如图 7-204 所示形状。

（35）载入图层 6 副本图层中选区，并用黑色填充选区，将其不透明度设置为"40%"，最后取消选区，如图 7-205 所示。

（36）选择图层 6，按"Ctrl+E"组合键合并图层，并将合并后的图层重命名为图层 6，载入图层 6 的选区，按住"Alt"键的同时不断拖动复制选区内图像并沿公路上侧的草地分布，直至得到如图 7-206 所示效果。

图 7-203

图 7-204

图 7-205

图 7-206

（37）打开"树木 2.psd"文件，将其中的图像复制到人行道上的花台内，并按照步骤
（34）和（35）的方法为其制作阴影，如图 7-207 所示。

（38）按照步骤（36）的操作方法，载入树木 2 的选区进行拖动复制并沿人行道花台进
行分布，直至得到如图 7-208 所示效果。

图 7-207

图 7-208

（39）打开"路灯.psd"文件，将其中的图像复制到人行道上，并按照步骤（34）和（35）
的方法为其制作阴影。

（40）载入路灯的选区，然后拖动复制并沿人行道进行分布，直至得到如图 7-209 所示
效果。

（41）按照步骤（33）～（36）的操作方法，继续复制"树木 1.psd"文件中的图像并为

其制作阴影，然后将其沿公路下方草地进行分布。

（42）继续复制"树木 1.psd"文件中的图像至草地的左侧中部，以得到如图 7-210 所示效果。

图 7-209　　　　　　　　　　　　　　　　　　图 7-210

（43）打开"树木 3.psd"文件，将其中的图像复制到左下方草地位置，生成图层 11。

（44）为图层 11 添加图层蒙版，并将图层蒙版编辑至如图 7-211 所示效果，以隐藏树木 3 右上侧的多余图像。

（45）新建图层 12，使用多边形套索工具创建选区。

（46）设置前景色为浅灰色（R:193,G:195,B:193），按"Alt+Delete"组合键填充选区。

（47）按"Ctrl+J"组合键复制生成图层 13，载入图层 13 中的选区，如图 7-212 所示。

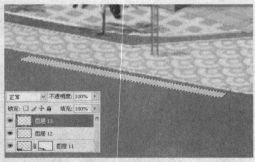

图 7-211　　　　　　　　　　　　　　　　　　图 7-212

（48）按"Ctrl+T"组合键进行自由变换，并移动图像至如图 7-213 所示位置，然后按"Enter"键确认变换。

（49）多次按"Ctrl+Shift+Alt+T"组合键，直至斑马线布满公路为止，然后取消选区。

（50）按照步骤（45）～（49）的操作方法，再为十字路口的其他 3 个人行道区域制作出斑马线，完成后如图 7-214 所示。

（51）新建图层 15，选择直线工具在左侧公路上绘制出车道分隔线，如图 7-215 所示。

（52）新建图层 16，设置背景色为绿色（R:91,G:120,B:48），使用多边形套索工具叠加创建如图 7-216 所示的选区。

（53）按"Ctrl+Delete"组合键填充背景色，按"Ctrl+D"组合键取消选区，该步骤是为了模拟公路内花台内草地效果。

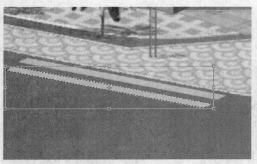

图 7-213　　　　　　　　　　　　　　　　图 7-214

图 7-215　　　　　　　　　　　　　　　　图 7-216

（54）选择【编辑】/【描边】命令，设置描边宽度为 "5px"，颜色为 "白色"，单击 "确定" 按钮，这样就模拟出了花台的边缘效果。

（55）打开 "树木 4.psd" 文件，将其中的图像复制到填充的草地上，并按照步骤（34）和（35）的方法为其制作阴影，如图 7-217 所示。

（56）载入树木 4 及其阴影的选区，拖动复制并沿公路两则已制作的花台进行分布。

（57）选择背景图层，新建一个图层，设置前景色为 "黑色"，使用画笔工具绘制如图 7-218 所示的填充图像。

图 7-217　　　　　　　　　　　　　　　　图 7-218

（58）选择【滤镜】/【模糊】/【动感模糊】命令，在打开对话框中设置角度为 "0°"，距离为 "999 像素"，单击 "确定" 按钮。

（59）连续按两次"Ctrl+F"组合键，为当前图像再应用两次动感模糊滤镜。

（60）对模糊后的图像进行自由变换至如图 7-219 所示效果，将其用来模拟汽车碾压产生的车轮磨擦痕迹。

（61）为当前图层复制一个副本，并将副本进行自由变换。

（62）继续为当前图层复制一个副本，并将副本进行自由变换。

（63）按照步骤（61）和（62）的操作方法，再为模糊后的图像复制 3 个副本，并自由变换至如图 7-220 所示效果。

图 7-219　　　　　　　　　　　　　　　图 7-220

（64）再复制 4 个副本，并将它们两两分别自由变换至沿左侧公路车道中沿车道方向分布和沿右侧公路车道中沿车道方向分布。

（65）分别将模糊后的图像所在的图层及其复制生成的副本图层的不透明度都设置为"60%"，使车轮磨擦痕迹更真实，如图 7-221 所示。

（66）分别打开"汽车 1.psd"和"汽车 2.psd"文件，并分别复制其中的图像到效果图中的车道中，如图 7-222 所示。

图 7-221　　　　　　　　　　　　　　　图 7-222

（67）打开"人物.psd"文件，并将其中的图像复制到效果图中，得到如图 7-223 所示效果。

（68）打开"阴影.psd"文件，并将其中的图像复制到效果图中的左下角，并将其不透明度设置为"60%"，如图 7-224 所示。

（69）至此，本例的鸟瞰效果图的后期处理已经完成，最终效果如图 7-177 所示。

图 7-223

图 7-224

7.6　课后练习

根据本章所学内容，动手完成以下实例的制作。

练习 1　后期处理别墅效果

先导入素材文件，然后通过创建选区、裁剪图像、转换图层和调整色彩平衡等操作，为制作的别墅场景进行后期处理，最终效果如图 7-225 所示。

素材文件\第 7 章\课后练习\练习 1
最终效果\第 7 章\课后练习\练习 1\别墅.tif

图 7-225

练习 2　办公楼后期处理

先导入素材文件，然后通过魔棒工具和设置不透明度等操作，为制作的办公楼场景进行后期处理，制作背景天空，最终效果如图 7-226 所示。

素材文件\第 7 章\课后练习\练习 2
最终效果\第 7 章\课后练习\练习 2\办公楼最终.psd

图 7-226

练习 3　商住楼后期处理

先导入素材文件，然后通过添加人行道和天空，添加植物，以及添加人物和广告牌等操作，为制作的商住楼场景进行后期处理，最终效果如图 7-227 所示。

素材文件\第 7 章\课后练习\练习 3
最终效果\第 7 章\课后练习\练习 3\商住楼.tif

图 7-227